Materiales Sustentables y Reciclados en la Construcción

Editores:

Gonzalo Martínez Barrera
Juan Bosco Hernández Zaragoza
Teresa López Lara
Carmina Menchaca Campos

Materiales Sustentables y Reciclados en la Construcción

1ra edition © 2015 OmniaScience (Omnia Publisher SL)
www.omniascience.com

Editores:
Gonzalo Martínez Barrera
Juan Bosco Hernández Zaragoza
Teresa López Lara
Carmina Menchaca Campos
gonzomartinez02@yahoo.com.mx

ISBN: 978-84-943418-0-9
DL: B-8093-2015
DOI: http://dx.doi.org/10.3926/oms.211

Diseño de cubierta: OmniaScience
Fotografía cubierta: © Cité verte, Auguste Lange - Fotolia.com

Índice

Introducción

Este libro presenta un panorama global de los materiales de reciclo y sustentables, y su uso en diferentes materiales de construcción.

Dentro de los temas que se abordan se encuentran:

- el aprovechamiento de materiales de desecho como el poliestireno expandido que se transforma en material líquido para la fabricación de adobes, con la finalidad de promover una solución alternativa para la reducción en el consumo de recursos naturales y de energía;
- el estudio de morteros para reparar estructuras de concreto dañadas, de fraguado rápido, adecuada manejabilidad, adherencia y alta resistencia a compresión, elaborados con calcita y poliéster de bajo costo, morteros con los cuales es posible lograr reparaciones rápidas y sin el uso de cimbra;
- el estudio y aprovechamiento de materiales cerámicos de reciclo para el desarrollo de los llamados "contenedores inteligentes", cuya función principal es almacenar las sustancias orgánicas o inorgánicas que actúan como inhibidores de las especies químicas que provocan la corrosión en las estructuras del concreto reforzado y liberarlo de manera controlada y en situaciones específicas, provocadas por una falla en el concreto o por acción del medio ambiente, de tal manera que se alargue la vida útil del material de construcción;
- el uso de polímeros de desecho de las industrias automotriz y de embalaje (poliamidas y poliestireno), como sustitutos parciales de agregados pétreos en la elaboración sustentable de concreto armado, para prevenir las fisuras en el concreto en estado fresco o durante la retracción plástica, así como para mejorar sus propiedades a la compresión y a la flexión, y al mismo tiempo conferir al concreto armado con propiedades de ligereza, resistencia a la humedad, aislante térmico y capacidad de absorción de los impactos;

- investigaciones de materiales de reciclo (neumáticos automotrices, PET y Tetra Pak); en el caso de los neumáticos, después de ser reciclados son sometidos a radiación gamma para modificar sus propiedades físicas y químicas, y posteriormente ser utilizado como material de refuerzo en concreto. Cabe mencionar que la radiación Gamma ha demostrado ser una herramienta adecuada para el mejoramiento de las propiedades físicas y químicas de polímeros y cerámicos. La investigación sobre el PET abarca desde su reciclamiento hasta su uso en la fabricación de concreto, el PET sustituye parte de la concentración de los agregados finos, y es añadido en forma de partículas de diferentes tamaños y a diferentes concentraciones, en términos generales se mejoran los valores de resistencia y los módulos de Young;
- y en el último capítulo se presenta una propuesta sobre el uso de envases de Tetra Pak de desecho como agregado parcial en concreto, sustituyendo parcialmente a los agregados minerales, evaluando las propiedades de resistencia a la compresión, a la flexión y el módulo de elasticidad.

Gonzalo Martínez Barrera

Juan Bosco Hernández Zaragoza

Teresa López Lara

Carmina Menchaca Campos

Prólogo

El impacto ambiental negativo que desde hace dos décadas está ocasionando el uso indiscriminado de diversos materiales sintéticos que se utilizan en la vida diaria, ha conducido al planteamiento de acciones inmediatas y tecnologías alternativas, limpias e innovadoras encaminadas a su reciclaje y reúso.

El diseño y elaboración de materiales para la construcción es una alternativa sustentable para los materiales de desecho; entre los que se encuentran las resinas poliéster, poliamidas, poliestireno, envases de Tetra Pak, cerámicos, botellas de PET, desechos agroindustriales, etc. Dentro de los materiales de construcción que han sido elaborados o modificados se encuentran los morteros, concreto, concreto reforzado, y adobe, entre otros.

En un esfuerzo por contribuir al desarrollo y difusión de tecnologías sustentables, y a apoyar en la disminución de la contaminación ambiental, en este libro se incluye una colección de investigaciones originales relacionadas con las aplicaciones de materiales de reciclo en la industria de la construcción, a través de diversos usos como complemento de agregados pétreos, contenedores inteligentes, como refuerzo, estabilizadores, etc. Además de reducir la contaminación, ha sido posible mejorar las propiedades que estos materiales de construcción, por ejemplo, se han podido reducir las fisuras por asentamiento y por contracción plástica, disminuir la permeabilidad e incrementar la resistencia a la fractura, al impacto y a la abrasión.

Gonzalo Martínez Barrera

Juan Bosco Hernández Zaragoza

Teresa López Lara

Carmina Menchaca Campos

Capítulo 1

Uso de Residuos Agroindustriales para la Estabilización de Adobes

Juan Jesús Zavala-Ramírez[1], Francisco Javier García-Rodríguez[1], Hugo Carrillo-Rodríguez[1], Jaime Navarrete-Damián[1], Juan Bosco Hernández-Zaragoza[2], Teresa López-Lara[2]

[1]Instituto Tecnológico de Celaya, Departamento de Ingeniería Industrial, Avenida García Cubas 1200 Esquina Ignacio Borunda, 38010 Celaya, GTO, México.

[2]Universidad Autónoma de Querétaro, Facultad de Ingeniería, Cerro de las Campanas S/N, Col. Las Campanas, 76010, QRO, México.

xe@live.com.mx, francisco.garcia@itcelaya.edu.mx, hugo.carrillo@itcelaya.edu.mx, jaime.navarrete@itcelaya.edu.mx, jbhernandezzaragoza@gmail.com, lopezlarat@gmail.com

Doi: http://dx.doi.org/10.3926/oms.241

Referenciar este capítulo

Zavala-Ramírez, J.J., García-Rodríguez, F.J., Carrillo-Rodríguez, H., Navarrete-Damián, J., Hernández-Zaragoza, J.B., & López-Lara, T. (2015). Uso de residuos agroindustriales para la estabilización de adobes. En Martínez Barrera, G., Hernández Zaragoza, J.B., López Lara, T., & Menchaca Campos, C. (Eds.). *Materiales Sustentables y Reciclados en la Construcción*. Barcelona, España: OmniaScience. pp. 11-30.

1. Introducción

Una de las tendencias innovadoras para enfrentarse a las crecientes montañas de basura en el mundo, se basa en cambios de paradigma, en torno al manejo de los desechos; partiendo de la definición de basura, su manejo y disposición, así como sus consecuentes cambios administrativos (Sales-Heredia, 2012). Es muy diferente llamar "basura" a ciertos objetos, que material reciclable. El primer gran cambio se dio en Estados Unidos cuando se dejó de hablar de basura y se empezó a hablar de la administración del ciclo de materiales. Este concepto modificó la idea de desechos, por otro dirigido a vigilar el ciclo del material utilizado y la posibilidad de reusarlo o reciclarlo. Ashby (2001) evaluó los mecanismos del desarrollo de materiales para el siglo XXI, y concluye que se está creando la necesidad de adaptar el diseño y los materiales, para enfrentar esta problemática, lo que resulta primordial para restaurar el equilibrio con el medio ambiente.

Por su parte, la Industria de la Construcción en México, es un motor fundamental del desarrollo y uno de los sectores más importantes en la generación del valor agregado, representando en el período 2003-2010 entre 6.5% y 7.2% del PIB (INEGI, 2011), pero también es quien más contribuye a la generación de problemas ambientales. Afortunadamente, esta industria puede recibir residuos y subproductos, para su reciclado, por el gran volumen de materiales que maneja. Es posible incluir, un porcentaje significativo de materiales de reciclado en la formulación de materiales para construcción; e. g., lodos de depuradora (Zalygina & Barantseva, 1998; Balgaranova, Petrov, Pavlova, & Alexandrova, 2003), residuos de los procesos de generación de energía (Lemeshev et al., 2001), restos de la industria agroalimentaria (Gregorová, Pabst & Bohaãenko, 2006), otros materiales orgánicos (Demir, 2008), etc.

Los residuos de interés para su reciclado y aprovechamiento, en el desarrollo del presente trabajo son: bagazo de agave y poliestireno expandido. En el primer caso, se refiere a una biomasa fibrosa, obtenida mediante molienda de la piña del agave y equivale a cerca del 40% del peso total en base húmeda de la cabeza de agave (Cedeño, 1995). En el segundo caso, el EPS, procede de empaques y embalaje, representa el 0.1% del total de los residuos sólidos urbanos, en México dentro de la categoría de "plástico". En 2010, la industria tequilera generó aproximadamente, 310.7 mil toneladas de bagazo (CRT, 2014). Una cantidad significativa de estos residuos, podrían ser utilizadas en la fabricación de materiales para la construcción. La mayor parte de este residuo termina como desecho en tiraderos clandestinos que ocasionan efectos negativos a la fertilidad de tierras de cultivo, contaminación por lixiviados y riesgos fitosanitarios debido por la inadecuada incorporación de estos materiales al suelo (Rodríguez, Pascoe, Zamora, Álvarez de la Cuadra & Salcedo Pérez, 2001).

El adobe como material de construcción (Gonzalo-Sánchez, 2012), ha sido utilizado por miles de años, para uso habitacional en muchos de los pueblos indígenas de América (José, 2002), tanto en el suroeste de los Estados Unidos como en Mesoamérica y la región andina en Sudamérica, actualmente el 50% de las casas del mundo están construidas con este material (Pacheco-Torgal & Jalali, 2012). La utilización del adobe representa una alternativa viable para resolver el problema de la falta de vivienda, a través de la propuesta de una casa auto construible de bajo costo. Sin embargo, una limitante para desarrollar tal alternativa consiste en que la mayoría de las técnicas constructivas tradicionales que utilizan materiales obtenidos a partir del suelo, son resultado del conocimiento empírico. Dicho conocimiento generalmente es asistemático, varía en cada cultura y región, y carece de una terminología interdisciplinaria (Gama-Castro, Cruz-Cruz,

Pi-Puig, Alcalá-Martínez, Cabadas-Báez, Jasso-Castañeda et al., 2012). Sin embargo, se ha adaptado adecuadamente a las exigencias y necesidades de la sociedad actual, presentando interesantes aplicaciones desde el punto de vista de diseño y construcción de hoy en día. Es usado como material de construcción, principalmente para la edificación de viviendas, debido a sus propiedades y características: bajo costo de fabricación y amplia disponibilidad; alto ahorro de energía, haciendo uso principalmente de energías renovables; gran trabajabilidad y propiedades mecánicas óptimas en la construcción; fácil integración al ecosistema local, empleando los materiales y técnicas locales; y fácil reciclamiento de los excedentes de construcción. Todas estas características conllevan un enfoque ecológico responsable con la naturaleza representando, además, una alternativa de solución al problema de vivienda mediante la propuesta de una edificación construible de bajo costo (Ramos-Ramírez, Guzmán-Andrade, Sandoval-Juárez & Gallaga-Ortega, 2002).

En la actualidad, el adobe se considera como un material pobre y discriminado, debido a las malas condiciones en las que se encuentra su sector económico y la manera artesanal en la que se elabora, además la ignorancia de su proceso por parte de la sociedad, su utilización y la importancia que presenta, principalmente para el pueblo de México, ya que más del 80% de viviendas están construidas por este material. Por ello, se está en busca de un mejor adobe para la construcción proveniente de la arcilla que no cause malestar alguno al medio ambiente, principalmente a la atmosfera, aplicando en esta investigación un reforzamiento con fibras de bagazo y una dilución de poliestireno expandido reciclado, para lograr un incremento en sus propiedades mecánicas, químicas, térmicas, densidad, entre otras.

La utilización de fibra de bagazo de agave como fuente renovable de materia prima, así como el aprovechamiento de materiales de poliestireno expandido y la reducción de la emisión excesiva de éstos al medio ambiente como desechos, constituyen los retos del presente trabajo; aplicar tales materiales considerados como desecho, a la realización de adobes factibles para la construcción, i.e., aplicar a la arcilla un compuesto de matriz termoplástica a base de poliestireno reciclado, y reforzado con partículas de bagazo de agave, es una contribución a la solución de esta problemática. En este sentido, en México se generan residuos agroindustriales que pudieran ser aprovechados para obtener productos de valor agregado, tal como el bagazo de agave, que es considerado como desperdicio derivado del proceso para la producción de tequila y mezcal, del cual se generan miles de toneladas anualmente, por lo que su disposición representa un problema para el sector de la industria tequilera y de mezcal. Sin embargo, se ha demostrado que a partir del bagazo se pueden obtener diferentes productos, como alimento para animales y composta. Por lo que se pretende usar como reforzamiento para materiales de construcción, disminuyendo el uso de aserrín o estiércol utilizados actualmente en la fabricación de ladrillos y productos similares (González-García, González-Reynoso & Nungaray-Arellano, 2005).

La recuperación, reutilización o reciclado de materiales plásticos, son actividades de gran importancia no solo para el comercio y la industria, sino también para nuestro ecosistema. El valor del plástico como materia prima en la mayoría de los productos que son desechados, es usualmente menor a sus costos iníciales de fabricación en relación con el material virgen. Existen 5 tipos de plásticos que constituyen el 97% de los materiales utilizados como empaque para un gran número de productos para el hogar, de los cuales cerca de 6 mil ton terminaron como desechos. Entre los plásticos más comunes se encuentra el poliestireno, constituye el 11% total de las resinas vendidas. Se obtiene del petróleo, es de apariencia cristalina y con alto brillo. Desafortunadamente, este material sumamente utilizado en la vida moderna tarda de 500 a 800 años en degradarse. Debido a lo anterior, en la actualidad se están desarrollando diversos métodos para reciclarlo y reutilizarlo como subproducto. Sin embargo, existen barreras que dificultan un mayor desarrollo de este tipo de materiales, principalmente por la falta de conocimiento de las tecnologías, insuficiencia de capitales y técnica aún incipiente. Por lo tanto, la factibilidad que presenta la fibra de agave como agente de refuerzo para el poliestireno aplicado a la arcilla con el fin de reducir las emisiones de gases que generan el efecto invernadero, es el reto de esta investigación, con la visión de incrementar sus propiedades mecánicas y mejorar la capacidad del adobe tradicional (Sanjuan-Raygoza & Jasso-Gastinel, 2009).

Por décadas, las universidades se han concentrado en materiales "modernos", como el acero y el cemento y han desatendido el barro y otros de "muy bajo costo". La intensión de esta investigación es mejorar la resistencia y tenacidad de los adobes, en la realización de construcciones, a pesar de que no existen normas para materiales como el bloque de suelo compactado o adobe, para aprovechar sus características intrínsecas, e. g., su alta resistencia térmica, fácil fabricación y manejo, bajo consumo energético por sus cualidades aislantes, protección contra el ruido externo, versatilidad para realizar instalaciones de tuberías y red eléctrica.

2. Materiales y Métodos

Se utilizaron, en este trabajo, los siguientes materiales: Tierra lama de San Miguel. Octopan; Residuos de bagazo de agave y poliestireno expandido reciclado; productos químicos, acetato de etilo, ($CH_3COOCH_2CH_3$), acetona (CH_3COCH_3), agua y diferentes recipientes de plástico y material de vidrio; herramientas, se utilizó una adobera (molde fabricado en madera), pala, carretilla, criba. El trabajo experimental se realizó en una campana de extracción de humos, además, maquina universal para ensayos mecánicos, molino de bolas, balanza analítica, báscula electrónica, agitador magnético.

Figura 1. Adobes tradicionales elaborados en San Miguel Octopan, Gunajuato

Figura 2. Banco de tierra conocido como tierra lama en la comunidad de San Miguel Octopan

Se analizó la capacidad de carga de los adobes elaborados con biomasa de residuos agrícolas, bagazo de agave y aserrín; como agentes de refuerzo, y una disolución de poliestireno expandido reciclado como agente estabilizador. Primero, se estudió la técnica tradicional de la región para la fabricación de adobes (Figura 1). El suelo utilizado proviene del municipio de San Miguel Octopan, en Celaya, Guanajuato. Se mezcló en una cárcava con abono de ganado vacuno, dejándolo reposar durante 10 min. Luego, se vierte la fibra natural sobre la muestra en reposo: aserrín y abono, en porciones de 1:1. En seguida, se mezclan todos los componentes. El trabajador realiza el batido de la mezcla con una pala en 4 ciclos, i.e., mezcla toda la composición 4 veces seguidas. El tiempo requerido para el mezclado es entre 90 y 120 min. Posteriormente, se deja reposar 24 hs, para obtener una arcilla con mejores propiedades y más compacta. Se cubre con una película de plástico para evitar la pérdida de agua por medio de evaporación. Después, se vierte en moldes llamados adoberas con capacidad de 6 piezas. Ahora, se acomodan en un patio con una longitud de 20 a 25 m. Debido a la humedad en las muestras, se deja reposar entre 24 y 30 hs, dependiendo del clima. A continuación, remueven los bordes y excesos de arcilla en el molde utilizando una espátula o cuchillo, esta operación es llamada el recortado, se realiza para obtener un producto con dimensiones homogéneas. Posteriormente, se giran un ángulo de 45° a cada pieza para densificarlas y se colocan en el inventario, llamado trincha. Finalmente, cuando el material está totalmente seco, se le denomina adobe.

2.1. Caracterización del Barro

El Barro utilizado en el presente trabajo, conocido como tierra lama, proviene de un banco de tierra, son parcelas destinadas a la comercialización de suelo, ubicado en la comunidad de San Miguel Octopan (Figura 2), municipio de Celaya; es el tipo de arcilla más utilizada en esa comunidad, debido a la experiencia de los productores de ladrillo. Comentan que cuenta con propiedades como: excelente absorción del agua, buena compactación durante el moldeo, incorporación del arcilla, lo cual evita posibles grietas durante el secado del material.

Se realizó un análisis mediante Difracción de Rayos x (XRD), en muestras de arcilla, en un intervalo 2Θ entre 10°C y 100°C, con radiación CuKα, a 30kV y 2°C/min (Figura 7). Así mismo, se realizó un análisis simultáneo, termogravimétrico (TGA) y calorimetría diferencial de barrido (DSC), estos análisis se llevaron a cabo en una atmósfera de nitrógeno, aumentando la temperatura hasta 1000°C con una velocidad de calentamiento de 15°C/min; así como ensayos mecánicos a tensión y compresión.

2.2. Preparación y Evaluación de Adobes Modificados

Se experimentó con dosificaciones estabilizadas de bagazo de agave y aserrín con disoluciones de poliestireno reciclado, sustituyendo el uso del abono por *fibra* obtenida de biomasa residual y *polímero reciclado*, como elementos de refuerzo y estabilizante, respectivamente. Evitando algún riesgo sanitario por el uso del abono y promoviendo la aplicación de un proceso de producción sustentable, dedicado a la fabricación de materiales para la construcción. El procedimiento para fabricar los adobes se desarrolló en cuatro etapas. La primera etapa, se llevó a cabo un programa para la recuperación de residuos de poliestireno expandido y el bagazo de agave, denominada acopio de materiales. Además, se realizó investigación de campo para identificar la arcilla adecuada. En la segunda etapa, se determinaron: la cantidad apropiada de polímero, fibras de bagazo y arcilla, mediante un diseño de experimentos. En la tercera etapa, se realizó la preparación de las muestras de adobe. Finalmente, se determinó, el tiempo y la temperatura de secado en la última etapa.

2.2.1. Acopio y Preparación de Materiales

En la primera etapa, es necesario retirar impurezas de las fibras naturales y de la arcilla, que generen problemas durante el mezclado; moler la biomasa hasta obtener una longitud de fibra de aproximadamente 2.5 cm. El bagazo de agave utilizado, se obtuvo de la piña de agave angustifolia (Figura 3a), mejor conocida como salmiana y fue proporcionado por la planta piloto de Mezcal del Instituto Tecnológico de Celaya. Este bagazo fue desmedulado, presecado por introducción en flujo de aire caliente, almacenado en pacas por varias semanas, desempacado y secado (Figura 3b). El material fibroso se molió hasta obtener fibras entre 2 y 3 cm de longitud. El poliestireno expandido fue recuperado de las oficinas del Instituto Tecnológico de Celaya (Figura 3c). Fue diluido utilizando Acetona y Acetato de Etilo grado reactivo. Se determinó, mediante una matriz de experimentos, la composición adecuada que permite proteger las fibras de la humedad y condiciones ambientales. La matriz se obtuvo de un banco de arcilla ubicado en San Miguel, Octopan, Guanajuato.

(a) (b) (c)

Figura 3. Materiales utilizados para la fabricación de los cerámicos de barro fibroreforzados. (a) Piña de agave angustifolia, (b) Bagazo de agave y (c) Poliestireno expandido reciclado (Unicel)

2.2.2. Reposo de la Matriz Arcillosa y Obtención de una Dilución de Poliestireno Expandido Reciclado

Aquí la arcilla y el agua requerida se mezclaron hasta obtener una masa homogénea (Figura 4a). Se guardó en un recipiente evitando su exposición a la intemperie, dejándola reposar 24 hr para garantizar la máxima plasticidad. El material fibroso se molió hasta obtener fibras entre 2 y 3 cm de longitud (Figura 4b). Se elaboraron compuestos sin fibra, al 5% y 10% en volumen de fibra de bagazo de agave. Por otra parte, se cortó el poliestireno en trozos pequeños y se preparó una solución acetato de etilo y acetona para disolverlos. Una vez llevada a cabo la disolución se dejó reposar 10 min (Figura 4c). Este proceso se realizó en una campana de extracción.

(a) (b) (c)

Figura 4. Preparación de materiales. (a) Moldeo del barro, (b) fibra molida, (c) poliestireno expandido diluido

2.2.3. Mezclado y Moldeo

En la tercera etapa, se recubren las fibras con el polímero obtenido, combinándolas con la solución hasta que las fibras obtienen un color rojo canela (Figura 5a). Una vez transcurrido el tiempo de reposo de la arcilla, se mezcló con las fibras recubiertas de polímero por un lapso de 10 minutos. Mientras se realiza el mezclado, es de suma importancia agregar agua, para alcanzar una consistencia adecuada en el producto final (Figura 5b). En la elaboración de los adobes (Figura 5c), se utilizó una adobera con dimensiones de 27 x 14 x 7 cm. Primero, se humedeció el molde, luego se colocó arcilla sobre las paredes para que al secarse el adobe no se pegue en las paredes del molde. Se llena el molde cuidadosamente para no generar burbujas de aire en volumen del material. Para terminar, se levanta el molde inmediatamente con mucho cuidado para no deformar el adobe.

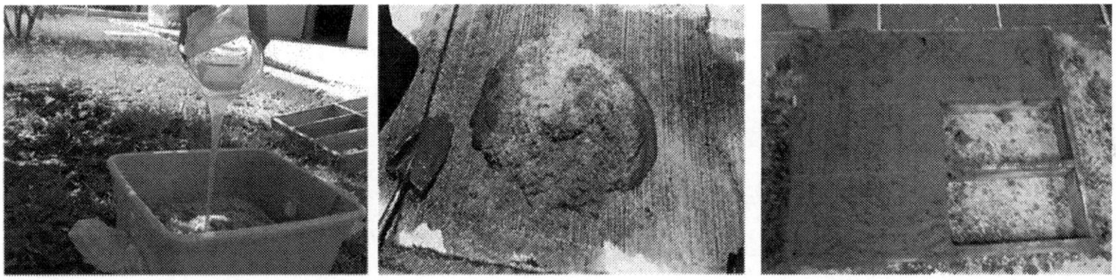

(a) (b) (c)

Figura 5. Preparación de materiales. (a) Mezclado de fibras y polímero reciclado diluido, (b) Mezclado de barro y fibras recubiertas con polímero reciclado, (c) Moldeo de adobes

2.2.4. Obtención de los Adobes

Finalmente, dependiendo del clima, se dejan secar a la intemperie por 50 hs. Durante la etapa de secado, se recortan los excesos de arcilla alrededor del adobe con una espátula o cuchillo (Figura 6a). Posteriormente, se cambia de posición para homogeneizar el proceso de secado.Los adobes así preparados, se almacenan en un lugar libre de humedad. Entre menos humedad contenga será mejor para la construcción (Figura 6b).

(a) (b)

Figura 6. Adobes mejorados. (a) Recién fabricados y (b) Secados al sol después de 28 días

Los adobes obtenidos con las diferentes composiciones descritas en la Tabla 1, se caracterizaron física y mecánicamente, mediante la determinación de la absorción de agua y la densidad aparente utilizando la norma ASTM C67-03a (ASTM, 2003). Así como la determinación del módulo de ruptura (ASTM, 2003).

Muestras	Arcilla (Kg)	Aserrín (gr)	Bagazo (gr)	Polímero (ml)	Agua (lt)	Cantidad (piezas)	Fecha de elaboración
R	3.125	312.5	0	0	4	6	12-02-14
A	3.125	312.5	0	250	4	6	19-02-14
B	3.125	0	312.5	250	4	6	26-02-14
AB	3.125	156.25	156.25	250	4	6	05-03-14

Tabla 1. Dosificaciones propuestas en la fabricación de Adobes mejorados

3. Resultados y Discusión

3.1. Caracterización de las Componentes del Adobe

3.1.1. Tierra Lama

Se presentan resultados de Difracción de Rayos X en muestras de tierra lama, obteniendo difractogramas con resolución media debido a la presencia de fases de muy baja cristalinidad (Figura 7). Todas las muestras presentan las mismas fases, se diferencian entre sí por su abundancia relativa. Las muestras están compuestas esencialmente de cuarzo, quien proporciona cierta estabilidad a la matriz de barro; caolinita, aporta plasticidad y resistencia; cristobalita y tridimita, ilita, mineral arcilloso que confiere propiedades plásticas al adobe; goetita y pequeñas cantidades de calcita.

A continuación, se enlistan las fases identificadas en las muestras de tierra lama (Tabla 2), que permiten obtener un barro moldeable agregándoles agua. También se le añaden otros elementos, tales como fibra de bagazo de agave con un tamaño controlado de longitud y polímero EPS reciclado diluido para aumentar su cohesión. En la técnica empleada para darle la forma final al barro, la temperatura y condiciones de secado son los factores fundamentales que determinan las diferencias entre el adobe tradicional y el mejorado.

Muestras	Fases identificadas
Tierra lama	1. Cuarzo: SiO_2 2. Caolín: $2H_2O\ Al_2O_3\ 2SiO_2$ 3. Ópalo tipo Cristobalita y Tridimita: $SiO_2\,xH_2O$ 4. Ilita: $K\ Al_2\ (Al\ Si_3)O_{10}(OH)_2$ 5. Goetita: $Fe_2O_3\,H_2O$ 6. Calcita: $CaCO_3$

Tabla 2. Análisis cualitativo de fases en muestras de tierra lama

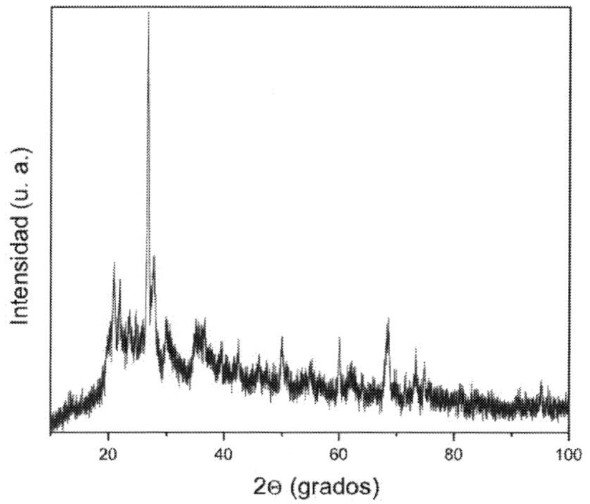

Figura 7. Difractograma de rayos X sobre muestras de tierra lama de San Miguel Octopan, Guanajuato

3.1.2. Fibras

Las fibras fueron molidas en un molino de cuchillas giratorias en cizalla, para reducir su longitud a un tamaño más manejable. Después, fueron introducidas a un molino de bolas, hasta alcanzar tamaños promedio de 2.5 cm de longitud. En una maya no. 120 se tamizaron 200 mg de fibra (Fernandes-Pereira, Carvalho-Benini, Watashi, Cornelis-Voorwald & Hilario-Cioffi, 2013). Para realizar la prueba de degradación térmica, se utilizó un equipo TGA-2000, marca TA Instruments en muestras de 5 mg de fibra de bagazo de agave en un rango de 30 hasta 400°C, a una tasa de calentamiento de 10°C/min en una atmósfera de nitrógeno. Este análisis permite determinar las temperaturas y la cinética de descomposición de las fibras. Particularmente, se presenta la temperatura inicial del proceso de degradación, denominada T_{d1}, y la temperatura media, T_{d2}, establece la activación de la máxima velocidad de descomposición, correspondiente al punto máximo de la primera derivada de la curva de análisis, (Tabla 3). También se utiliza para estimar los contenidos de materiales residuales (Vega-Baudrit, Delgado-Montero, María & Alvarado-Aguilar, 2008).

El estudio TGA, permite describir el historial térmico de una muestra, en este caso particular, de la fibra de bagazo de agave, indicando la pérdida de masa a través de un proceso de degradación (Figura 8). En el perfil negro, de la Figura 8, se indica la pérdida de masa en (gr) con respecto a la temperatura (°C). Se Observa que la máxima pérdida de masa ocurre en el rango de los 350°C y se completó en los 483°C (Awal & Ghosh, 2010). Se ha usado también para determinar temperaturas críticas de fibras de sisal, cáñamo, plátano, piña y algodón, en un rango de 320 a 350°C (Amigó, Salvador, Sahuquillo, Llorens & Martí, 2008). La hemicelulosa y la celulosa se degradan durante la segunda etapa del proceso y la lignina se descompone arriba de 350°C (Yanjun, Lanxing, Chi, Runzhou & Qinglin, 2013; Fernándes-Pereira et al., 2013).

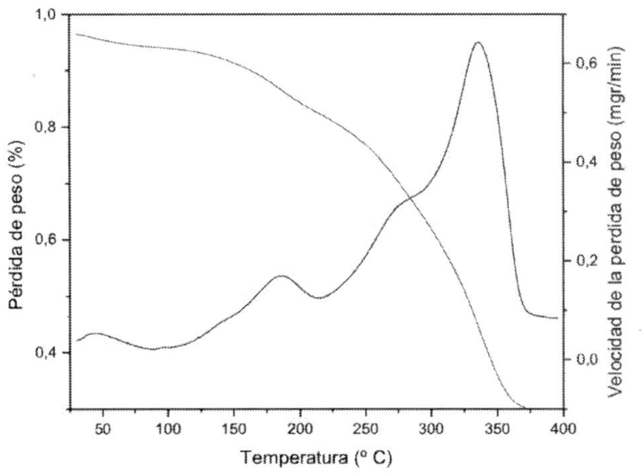

Figura 8. Rampas de degradación térmica en fibras de bagazo de agave (en negro) y su primera derivada (en azul)

Muestra	Componentes (%)			Temperaturas (º C)	
	Hemicelulosa	**Celulosa**	**Lignina**	T_{d1}	T_{d2}
Fibra de agave	16.16	53.23	26.82	87	338

Tabla 3. Porcentaje estimado de pérdida de peso en la concentración de celulosa, lignina y hemicelulosa, con 2.99% de error esperado y parámetros térmicos de las fibras

En el perfil azul de la Figura 8, se representa la primera derivada de la perdida de masa con respecto al tiempo, "d(masa)/dt" (mg/min). Aquí se observa la velocidad máxima de perdida de masa y se identifican las temperaturas de evaporación de las tres principales componentes de la fibra: hemicelulosa, celulosa y lignina. En la Tabla 3, se presentan los porcentajes de perdida de peso asociados con las componentes reportadas para el bagazo de agave y las temperaturas correspondientes al inicio de la degradación y la asociada con la máxima velocidad de descomposición. La pirólisis es el primer paso en un proceso de combustión de biomasa (Muller-Hagedorn, Bockhorn, Krebs & Muller, 2003). Es un proceso complejo, principalmente por la diversidad de comportamientos ante la degradación térmica de sus componentes: melaza residual (sacararosa, glucosa y fructuosa), hemicelulosa, celulosa y lignina. Por ello, es muy difícil explicar con un solo mecanismo el comportamiento de todos los tipos de biomasa, sin embargo, a partir de los resultados obtenidos, se deduce que la melaza residual reacciona en primer lugar, por ser un componente térmicamente inestable. En seguida reacciona la hemicelulosa, posteriormente la celulosa y por último la lignina, siendo ésta la más resistente a elevadas temperaturas por la mayor complejidad de las moléculas en relación con el resto de los constituyentes (Acelas-Soto, Ruíz-Machado & López-López, 2010). De acuerdo al análisis realizado, se determinó que la concentración de melaza residual es baja, debido a la limpieza realizada en las muestras de fibras del bagazo de agave y su temperatura de descomposición se encuentra muy cercana a los 200°C (Vega-Baudrit et al., 2008). Por su parte, la hemicelulosa, celulosa y lignina se ha encontrado que se descomponen entre 212-310°C, 327-370°C, y 277-400°C, respectivamente (Du, Sarofim & Longwell, 1990; Solorza-Feria, Rendón-Villalobos, Sánchez-Muñoz & Flores Huicochea, 2013).

El análisis FTIR (Figura 9 y Tabla 4) se realizó en un espectrómetro infrarrojo marca THERMO modelo Nicolet iS5 en modo ART (reflexión total atenuada). La prueba se realizó en pastillas hechas de con 2 mg de fibra de bagazo de agave mezclada con 200 mg de KBr, comprimidas con 7 ton de presión con un dado para pastillas de 13 mm para carga de 10 ton marca Perkin Elmer, modelo KBR DIE, y una prensa hidráulica inglesa de 15 ton (Awal & Ghosh, 2010).

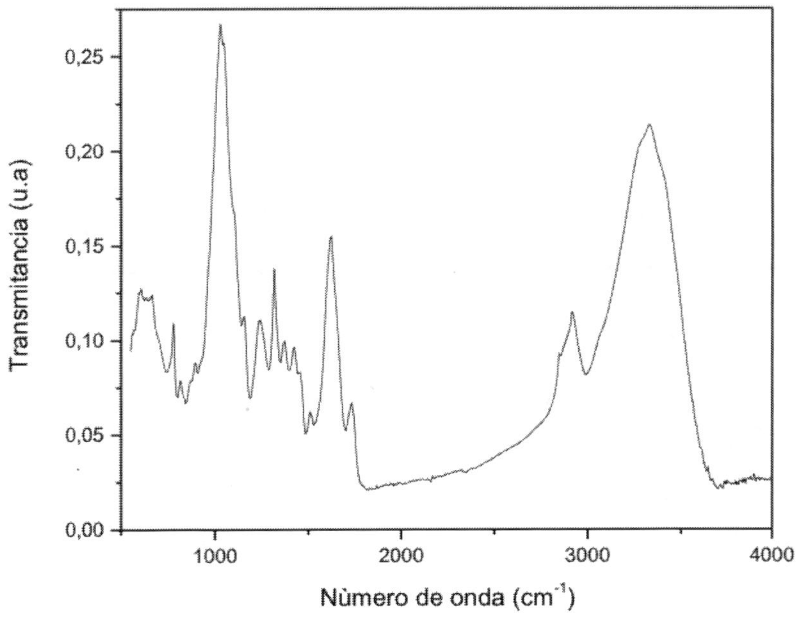

Figura 9. Análisis FTIR en muestras de fibra de agave

Numero de onda (cm^{-1})	Vibración	Componente o grupo funcional	Referencias
3433	-OH estiramientos	Grupos hidroxilos y Agua	Sócrates (2001)
2920 - 2850	C-H estiramientos	Metileno	Smith (1999)
1740 -1720	C=O estiramientos	Aldehídos, Cetona, Ácidos carboxílicos	Ouatmane, Provengano, Hafidi y Senesi (2000); Tan (1993); Smith (1999); Bodîrlău y Teacá (2009)
1640	C=O estiramientos C=C estiramientos	Carboxilatos, Amidas I, Alquenos, Compuestos aromáticos	Naumann, Schultz & Helm (1996); Smith (1999); Hesse, Meier & Zeeh (1995); Nanny y Ratasuk (2002)
1510 - 1520	Esqueleto aromático	Lignina y Lignocelulosa	Ouatmane et al. (2000); Faix (1991)
1384	N-O estiramientos	Nitratos	Smith (1999); Smidt, Böhm & Schwanninger (2011); Zaccheo, Ricca & Crippa (2002)
1320	C-N estiramientos	Compuestos aromáticos primarios, Aminas secundarias	Smith (1999)
1200 - 900	C-O-C, C-O	Polisacáridos	Grube, Zagreba, Gromozova & Fomina (1999)
1080	C-O-C, C-H estiramientos	Polisacáridos y Hemicelulosa	Grube et al. (1999); Bodîrlău y Teacá (2009)

Tabla 4. Análisis del espectro de absorción FTIR en muestras de bagazo de agave

3.1.3. Poliestireno Expandido Diluido

Los espectros IR del poliestireno reciclado diluido muestran una total concordancia con los espectros procedentes del EPS de referencia. El espectro de infrarrojo del PS comercial empleado en este proyecto, muestra las siguientes bandas características: Una banda fuerte a 3025 cm^{-1} aproximadamente, debido a las tensiones C-H del anillo aromático; una banda a 2919 cm^{-1} y 2849 cm^{-1} que surgen de la vibración simétrica y asimétrica de los grupos $–CH_2$-, respectivamente; se muestra una banda a los 1601 y otra en 1492 cm^{-1} debido a la presencia de las vibraciones de tensiones entre C-C del anillo aromático; las vibraciones de estiramiento y balanceo de los anillos C-H asociados a 1451 y 1027 cm^{-1} y finalmente, las bandas 906, 747 y 694 cm^{-1} correspondientes a las vibraciones de balanceo de los anillos aromáticos (Figura 10). En el caso de la muestra diluida de poliestireno, se presentan además, las bandas correspondientes a los solventes utilizados, acetona y acetato de etilo.

Adicionalmente, se realizó una evaluación estadística del porcentaje de absorción en adobes tradicionales y mejorados, utilizando la norma ASTM C67-03a, la cual especifica que el material de prueba se sumerge en un recipiente con agua durante 24 hs.

El porcentaje de absorción se determinó utilizando la Ecuación (1):

$$\% Absorción = 100 \frac{(W_s - W_d)}{W_d} \quad (1)$$

donde W_d y W_s se refieren al peso, W, antes y después de la saturación, respectivamente. A partir de la Tabla 5, se observa que en el caso del adobe tradicional, no fue posible determinar el porcentaje de absorción de agua, ya que el adobe se deshizo, mientras que las muestras que contienen polímero tienden a aumentar su peso casi un 50%.

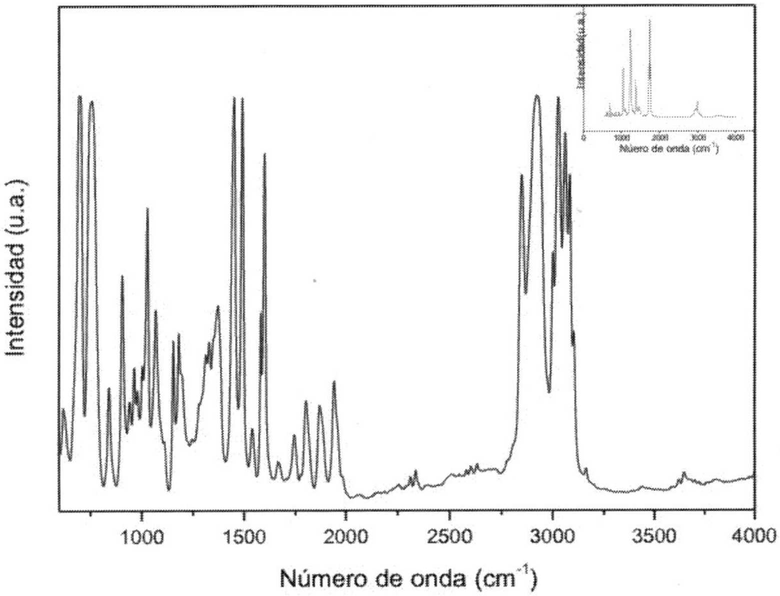

Figura 10. Espectros FTIR de poliestireno expandido en azul y en la esquina superior derecha la referencia del EPS

3.2. Análisis Térmicos

Para completar la caracterización e identificar los compuestos amorfos, en la Figura 11a, se muestra el análisis termogravimétrico realizado a muestras de adobe tradicional y mejorado. Indica la pérdida de masa en (mg) con respecto a la temperatura (°C). En ambos casos, la máxima pérdida de masa hasta 120°C se debe al agua higroscópica, la máxima pérdida de masa se encuentra entre los 200 y 700°C. En 275°C, se presenta el fenómeno térmico de la deshidroxilación de la goetita. La transformación de la caolinita en metacaolinita ocurre a los 500°C y a los 700°C, se lleva a cabo la descomposición de la calcita y su transformación en cal con pérdida de dióxido de carbono. El porcentaje final remanente es de un 10% el cual puede ser atribuido a cenizas de $CaCO_3$ o material inorgánico. En la Figura 11b se representa la rapidez con la que se lleva a cabo la pérdida de masa. Se observan diferentes picos o bandas que indican el punto de evaporación de una componente del adobe.

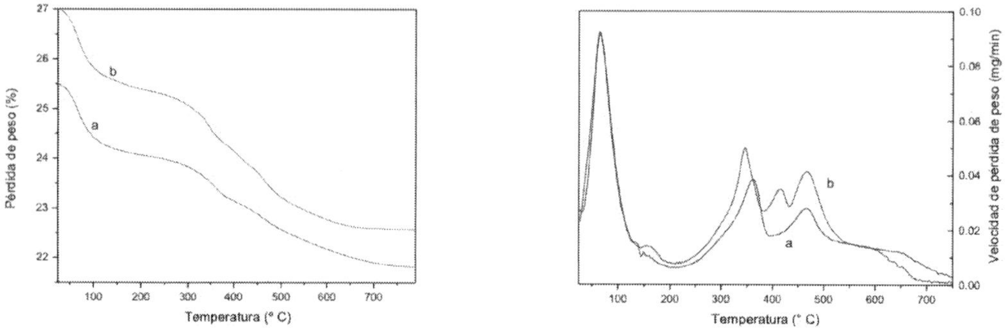

(a) (b)

Figura 11. Perfiles térmicos. (a) Evaluación de la pérdida de peso en adobes (TGA), y (b) Rapidez de la pérdida de peso. La curva negra corresponde al adobe tradicional y la azul al mejorado, en ambos casos

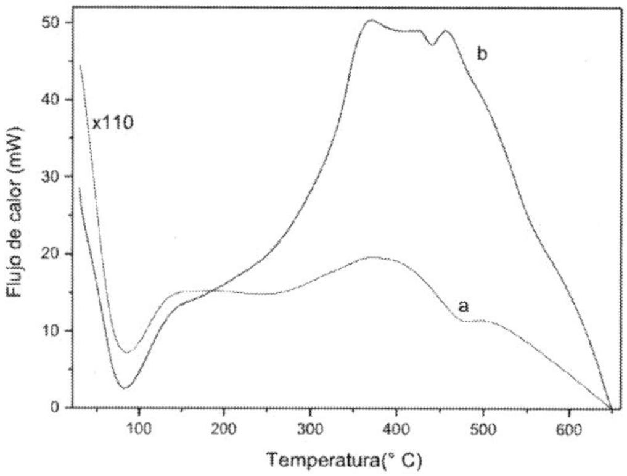

Figura 12. Perfiles de flujo de calor. (a) Adobe tradicional y (b) Adobe mejorado

En la Figura 12, se presentan los perfiles DSC correspondientes a las muestras de adobe analizadas. Aquí se grafica el tiempo en segundos (s) y el flujo de calor en (mW). Es importante hacer notar que los experimentos DSC, se llevaron a cabo en atmósfera de Nitrógeno. Se presenta un pico endotérmico a 85°C asociado con la deshidratación de la muestra; entre 220 y 400°C, se identifica una región exotérmica, corresponde a una pérdida de masa, debida a la combustión de materia orgánica. En 450°C, se observa un segundo pico endotérmico, correspondiente a la descomposición de agua adsorbida estructuralmente en algunas fases de SiO_2 de baja cristalinidad identificadas en la tierra lama (Tabla 2). Alrededor de 500°C, se observa un pico exotérmico.

3.3. Ensayos Mecánicos

Los resultados obtenidos en cada uno de los ensayos se describen a continuación. El módulo de ruptura fue calculado de acuerdo a la Ecuación (2) (ASTM, 2003):

$$S=\frac{3W\left(\frac{L}{2}-x\right)}{bd^2}, \tag{2}$$

donde *S* es el módulo de ruptura (MPa), *W* es la carga máxima aplicada (kg), *L* es la distancia entre los soportes (cm) (calculado como la longitud de la muestra menos dos pulgadas, ya que los soportes se encuentran a un pulgada de distancia de cada arista de la muestra), *x* es la distancia horizontal desde el punto de aplicación de la carga hasta la fisura que se presenta después de aplicar la carga (cm), y *b* y *d*, el ancho y el espesor de la muestra, respectivamente (cm).

Propiedad	Adobe tradicional	Adobe modificado
Dimensiones : Espesor, ancho y Largo (cm)	7, 14, 27	7, 14, 27
Densidad kg/cm^3	1.3302	1.461
Absorción promedio (%)	---	42.3357
Resistencia a la compresión (MPa)	6.85	8.51
Tensión de rotura promedio (MPa)	0.56	.60

Tabla 5. Propiedades de los adobes tradicional y mejorado

Los ensayos de flexión y compresión en adobes, han sido ejecutados en cada uno de los 6 especímenes preparados para cada composición. Dos pruebas han sido consideradas para cada composición. La fuerza vertical aplicada y los desplazamientos resultantes se han registrado hasta la ruptura, generando la aparición de grietas verticales cerca de las esquinas de ladrillos y en medio de las superficies verticales. En el caso de los ensayos a compresión, se colocó en la parte inferior de la placa de acero, una capa de arena, con el fin de sentar muestras planas, para compensar la irregularidad de la cara inferior de la muestra; permitiendo una distribución uniforme de cargas.

Los resultados obtenidos en las dimensiones físicas de los adobes y ensayos mecánicos se describen a continuación en la Tabla 5. El adobe elaborado en forma tradicional tiene una resistencia a la flexión (0.56 MPa) y a la compresión (6.85 MPa) (Figuras 13 y 14). Estos parámetros explican la baja resistencia mecánica de los adobes tradicionales, dependen directamente de la cantidad de agua presente en las muestras. Si el contenido de humedad en el adobe excede el 6%, su resistencia a la compresión puede ser comprometida hasta en un 50%. Es por ello que las viviendas de adobe presentan un alto grado de vulnerabilidad. Adicionalmente, se realizaron pruebas con adobes mejorados hechos con suelo previamente seleccionado y caracterizado; posteriormente a ese mismo suelo se incorporó la fibra con longitudes de 25 mm, con una combinación de Aserrín, Aserrín + Bagazo y Bagazo al 10% del peso del adobe, manteniendo constante el porcentaje de humedad. Los resultados muestran que con la incorporación de un tamaño de fibra controlado en la matriz del adobe y un contenido de Aserrín al 10% w en la matriz del adobe, se incrementa la resistencia a la compresión en 24.12% con respecto al adobe tradicional, obteniendo un valor de 8.51 MPa. Con respecto a la resistencia a la flexión, en muestras con Aserrín + Bagazo al 10%w, se generó un incremento de 7.86%, obteniendo un valor de 0.60 MPa (Figuras 13 y 14).

(a) (b)

Figura 13. Ensayos mecánicos. (a) Fractura resultante en un adobe bajo la prueba de flexión y (b) fractura resultante en un adobe bajo la prueba de compresión

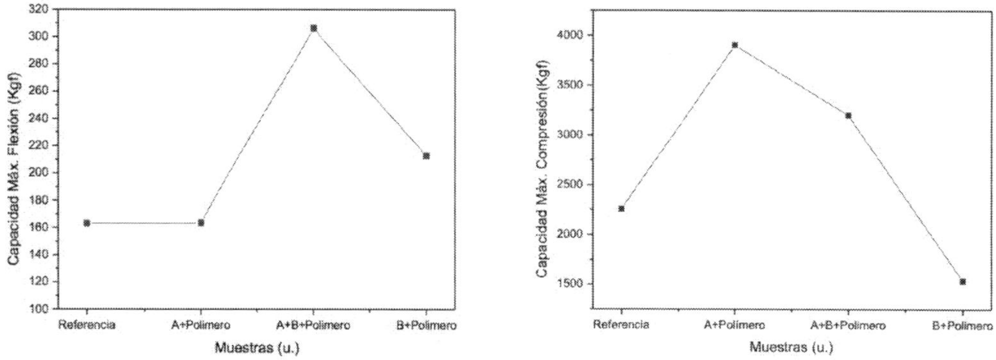

(a) (b)

Figura 14. Resultados obtenidos en los ensayos mecánicos. (a) Ensayo de flexión y (b) Ensayo de compresión

4. Conclusiones

En este trabajo, se explora y evalúa la posibilidad de utilizar biomasa de residuos agrícolas: bagazo de agave y aserrín; como agentes de refuerzo, y una disolución de poliestireno expandido reciclado como agente estabilizador, adicionados al suelo para fabricar adobe compactado, para mejorar la respuesta del adobe a esfuerzos de flexión y compresión. Así, se prepararon varios tipos de muestras utilizando combinaciones de Aserrín, Aserrín + Bagazo y Bagazo. Se utilizó fibra con longitudes de 25 mm, en una proporción del 10%w del adobe y se mantuvo constante el porcentaje de humedad.

A partir de los ensayos realizados, en ambos casos, se determinaron los mismos parámetros, indicando que el adobe tradicional tiene bajo desempeño, i.e., baja resistencia a la flexión y a la compresión con respecto a los adobes mejorados. Los resultados muestran que incorporando un tamaño controlado de fibra en la matriz del adobe, un contenido de Aserrín al 10%w, incrementa la resistencia a la compresión en 24.12% con un valor de 8.51 MPa. En la rubro de resistencia a la flexión, en muestras con Aserrín + Bagazo al 10%w, se generó un incremento de 7.86% con respecto al adobe tradicional, obteniendo un valor de 0.60 MPa.

El aprovechamiento de fibras vegetales de desecho recubiertas con una solución polimérica de poliestireno expandido reciclado, para la producción de adobe, es perfectamente viable para obtener un producto final con mayor resistencia y baja absorción de humedad, en este sentido será beneficioso para el desarrollo de la arquitectura de bajo costo.

Agradecimientos

Los autores desean agradecer a la M. C. Luz Yareli Duran Morales de la Universidad Politécnica de Juventino Rosas, al Dr. José Francisco Louvier Hernández del Laboratorio de Biopolímeros del ITC, al M. en C. Quetzalcóatl Enrique Saavedra Arroyo del Instituto Tecnológico Superior de Irapuato, al M. en C. Miguel Ángel Silva García del Centro Regional Optimización y Diseño de Equipo, CRODE Celaya y al Dr. José Martín Yañez Limón y al M. T. Rivelino Flores Farías del CINVESTAV-IPN Unidad Querétaro, por las facilidades brindadas en la realización de los ensayos experimentales.

Referencias

Acelas-Soto, N., Ruíz-Machado, W., & López-López, D. (2010). Determinación de los parámetros cinéticos en la pirólisis del pino ciprés. *Quim. Nova, 33(7),* 1500-1505. http://dx.doi.org/10.1590/S0100-40422010000700014

Amigó, V., Salvador, M., Sahuquillo, O., Llorens, R., & Martí, F. (2008). Valorización de residuos de fibras vegetales como refuerzo de plásticos industriales. *I Simposio Iberoamericano de Ingeniería de Residuos*. Castellón: REDISA 2008.

Ashby, M.F. (2001). Drivers for material development in the 21st century. *Prog. Mater. Sci., 46,* 191-199. http://dx.doi.org/10.1016/S0079-6425(00)00014-1

ASTM (2003). *Standard test methods for sampling and testing brick and structural clay tile.* ASTM C67-03a. Annual Book of ASTM Standards.

Awal, A., & Ghosh, S.B. (2010). Thermal properties and spectral characterization of wood pulp reinforced bio-composite fibers. *J Therm Anal Calorim, 99,* 695-701. http://dx.doi.org/10.1007/s10973-009-0100-x

Balgaranova, J., Petrov, A., Pavlova, L., & Alexandrova, E. (2003). Utilization of wastes from the coke-chemical production and sewage sludge as additives in the brick-clay. *Water Air Soil Pollut., 150,* 103-111. http://dx.doi.org/10.1023/A:1026190417523

Bodîrlău, R., & Teacá, C.A. (2009). Fourier transform infrared spectroscopy and thermal analysis of lignocelluloses fillers treated with organic anhydrides. *8th International Balkan Workshop on Applied Physics,* 5-7 July. Constanta, Romania.

Cedeño, C.M. (1995). Tequila production. *Critical Reviews in Biotechnology, 15(1),* 1-11. http://dx.doi.org/10.3109/07388559509150529

CRT (2014). Consejo Regulador del Tequila. *Información estadística.* http://www.crt.org.mx (consultado: 5-12-2014).

Demir, I. (2008). Effect of organic residues addition on the technological properties of clay bricks. *Waste Manag., 28,* 622-627. http://dx.doi.org/10.1016/j.wasman.2007.03.019

Du, Z., Sarofim, A. F., & Longwell, J.P. (1990). *Kinetic modeling of carbon oxidation.* Thesis (Sc. D.) Massachusetts Institute of Technology, Dept. of Mechanical Engineering.

Faix, O. (1991). Classification of lignins from different botanical origins by FTIR spectroscopy. *Holzforschung, 45,* 21-27. http://dx.doi.org/10.1515/hfsg.1991.45.s1.21

Fernandes-Pereira, P.H., Carvalho-Benini, K.C., Watashi, C.Y., Cornelis-Voorwald, H.J., & Hilario-Cioffi, M.O. (2013). Characterization of High Density Polyethylene (HDPE) Reinforced with Banana Peel Fibers. *Bio Resources, 8(2),* 2351-2365.

Gama-Castro, J.E., Cruz-Cruz, T., Pi-Puig, T., Alcalá-Martínez, R., Cabadas-Báez, H., Jasso-Castañeda, C. et al. (2012). Arquitectura de tierra: El adobe como material de construcción en la época prehispánica. *Boletín de la Sociedad Geológica Mexicana, 64(2),* 177-188.

González-García, Y., González-Reynoso, O., & Nungaray-Arellano, J. (2005). Potencial del bagazo de agave tequilero para la producción de biopolímeros y carbohidrasas por bacterias celulolíticas y para la obtención de compuestos fenólicos. *E-Gnosis, 3,* 3. Universidad de Guadalajara, Guadalajara, México.

Gonzalo-Sánchez, V. (2012). *Morteros de barro estabilizados con fibras de paja, esparto y sisal para su uso como revestimientos.* Tesis de Maestría. Universidad Politécnica de Madrid. Escuela Universitaria de Arquitectura Técnica.

Gregorová, E., Pabst, W., & Bohaãenko, I. (2006). Characterization of different starch types for their application in ceramic processing", J. *Eur. Ceram. Soc., 26,* 1301-1309. http://dx.doi.org/10.1016/j.jeurceramsoc.2005.02.015

Grube, M., Zagreba, E., Gromozova, E., & Fomina, M. (1999). Comparative investigation of the macromolecular composition of mycelia forms *Thielaviaterrestris* by infrared spectroscopy. *Vibr. Spectrosc., 19,* 301-306. http://dx.doi.org/10.1016/S0924-2031(98)00074-5

Hesse, M., Meier, H., & Zeeh, B. (1995). *Spektroskopische Methoden in der organischen Chemie.* Goerg Thieme Verlag: Stuttgart, New York. 364.

INEGI (2011). http://cuentame.inegi.org.mx/economia/secundario/construccion/ (Fecha último acceso: 1-10-14).

José, N. (2002). Arquitectura de tierra: ¿Una especie en extinción? *Cuadernos de la Facultad de Humanidades y Ciencias Sociales, 18, diciembre* - Universidad Nacional de Jujuy. Argentina.

Lemeshev, V.G., Petrov, S.V., & Lemesev, O.V. (2001). Utilization of technogenic products in production of ceramic building materials. *Glass Ceram., 58,* 93-96. http://dx.doi.org/10.1023/A:1010943314294

Muller-Hagedorn, M., Bockhorn, H., Krebs, L., & Muller, U. (2003). A comparative kinetic study on the pyrolysis of three different wood species. *J. Anal. Appl. Pyrolysis, 68/69,* 231-249. http://dx.doi.org/10.1016/S0165-2370(03)00065-2

Nanny, M.A., & Ratasuk, N. (2002). Characterization and comparison of hydrophobic neutral and hydrophobic acid dissolved organic carbon isolated from three municipal landfill leachates. *Water Res. 36,* 1572-1584. http://dx.doi.org/10.1016/S0043-1354(01)00359-1

Naumann, D., Schultz, C.P., & Helm, D. (1996). What can infrared spectroscopy tell us about the structure and composition of intact bactaerial cells? En Mantsch, H.H. & Chapman, D. (Eds.). *Infrared Spectroscopy of Biomolecules*. Wiley-Liss: New York. 279-310.

Ouatmane, A., Provengano, M.R., Hafidi, M., & Senesi, N. (2000). Compost maturity assessment using calorimetry, spectroscopy and chemical analysis. *Compost Sci. Util., 8,* 124-134. http://dx.doi.org/10.1080/1065657X.2000.10701758

Pacheco-Torgal, F., & Jalali, S. (2012). Earth construction: Lessons from the past for future eco-efficient construction. *Construction and Building Materials, 29,* 512-519. http://dx.doi.org/10.1016/j.conbuildmat.2011.10.054

Ramos-Ramírez, E., Guzmán-Andrade, J.J., Sandoval-Juárez, M.C., & Gallaga-Ortega, Y. (2002). Caracterización de arcillas del Estado de Guanajuato y su potencial aplicación en cerámica. *Acta Universitaria, 12(1),* 23-30. Universidad de Guanajuato, México.

Rodríguez M.R., Pascoe, S., Zamora, N.F., Álvarez de la Cuadra, J., & Salcedo Pérez, E. (2001). Evaluación de sustratos vegetales elaborados a partir de residuos de la industria tequilera. *Memorias del I Congreso Nacional de Agricultura Sustentable.* Veracruz, México. p. 257-259.

Sanjuan-Raygoza, R.J., & Jasso-Gastinel, C.F. (2009). Efecto de la fibra de agave de desecho en el reforzamiento de polipropileno virgen o reciclado. *Revista mexicana de ingeniería química, 8(3),* 319327. Universidad Autónoma Metropolitana Iztapalapa, Distrito federal, México.

Smidt, E., Böhm, K., & Schwanninger, M. (2011). The Application of FT-IR Spectroscopy in Waste Management. En Goran S. Nikolić (Ed.). *Fourier Transforms - New Analytical Approaches and FTIR Strategies*. India: InTech, pp. 405-430.

Smith, B. (1999). *Infrared spectral interpretation.* CRC Press: Boca Raton, FL. 264.

Socrates, G. (2001). *Infrared and raman characteristic group frequencies. Tables and carts.* 3rd ed. John Wiley and Sons Ltd.: Chichester. 347.

Solorza-Feria, J., Rendón-Villalobos, R., Sánchez-Muñoz, J., & Flores Huicochea, E. (2013). Composición del bagazo de caña por análisis termogravimétrico. *Memorias CIM.* 24 y 25 de Octubre, 54-59.

Tan, K.H. (1993). *Humus and humic acids. In: Principles of Soil Chemistry: Colloidal Chemistry of Organic Soil Constituents.* CRC press. M. Dekker Inc. 79-127.

Vega-Baudrit, J., Delgado-Montero, K., María, S.B., & Alvarado-Aguilar, P. (2008). Materiales poliméricos compuestos obtenidos a partir de los residuos generados de la agroindustria de la caña de azúcar. Una alternativa adicional II. *Revista Iberoamericana de polímeros, 9(4),* 389-406.

Yanjun, L., Lanxing, D., Chi, K., Runzhou, H., & Qinglin, W. (2013). Bamboo and High Density Polyethylene Composite with Heat-Treated Bamboo Fiber: Thermal Decomposition Properties. *Bio Resources, 8(1),* 900-912.

Zaccheo, P., Ricca, G., & Crippa, L. (2002). Organic matter characterization of composts from different feedstocks. Compost. *Sci. Util. 10,* 29-38. http://dx.doi.org/10.1080/1065657X.2002.10702060

Zalygina, O.S., & Barantseva, S.E. (1998). The use of excess activated sludge from municipal sewage treatment works in production of construction ceramics. *Glass Ceram., 55,* 164-167. http://dx.doi.org/10.1007/BF02694733

Capítulo 2

Mortero Reparador Base Poliéster y su Uso en Estructuras de Concreto Dañadas

Juan Bosco Hernández-Zaragoza[1], José Delgado-Hernández[1], Teresa López-Lara[1], Carlos López-Cajún[1], Rene Delgado-Salgado[2], Edgar García-Hernández[2]

[1]Universidad Autónoma de Querétaro, Facultad de Ingeniería, Cerro de las Campanas S/N, Col. Las Campanas, 76010, QRO, México

[2]Instituto Tecnológico de Zacatepec (ITZ), Calzada Instituto Tecnológico 27, Col. Ampl. Plan de Ayala, C.P. 62780, Zacatepec, Morelos, México

jbhernandezzaragoza@gmail.com, ing_josedh@hotmail.com, lopezlarat@gmail.com, cajun@uaq.mx, renesalgado@yahoo.com, eddgarcia@hotmail.com

Doi: http://dx.doi.org/10.3926/oms.242

Referenciar este capítulo

Hernández-Zaragoza, J.B., Delgado-Hernández, J., López-Lara, T., López-Cajún, C., Delgado-Salgado, R., & García-Hernández, E. (2015). Mortero reparador base poliéster y su uso en estructuras de concreto dañadas. En Martínez Barrera, G., Hernández Zaragoza, J.B., López Lara, T., & Menchaca Campos, C. (Eds.). *Materiales Sustentables y Reciclados en la Construcción*. Barcelona, España: OmniaScience. pp. 31-41.

1. Introducción

La historia del mortero constituye un capítulo fundamental de la historia de la construcción. Cuando el hombre optó por levantar edificaciones utilizando materiales arcillosos o pétreos, surgió la necesidad de obtener pastas o morteros que permitieran unir dichos mampuestos para poder conformar estructuras estables. Inicialmente se emplearon pastas elaboradas con arcilla, yeso o cal, pero se deterioraban rápidamente ante las inclemencias atmosféricas.

Los primeros morteros utilizados en la historia fueron los morteros de barro, el cual permitió no solo apilar, sino acomodar con mayor facilidad las piedras irregulares (Sánchez & Zepeda, 1999).

Con el desarrollo de la tecnología y al igual que muchos materiales usados en la construcción han ido evolucionando para obtener la mezcla que hoy conocemos; el mortero está constituido por cemento y/ó cal, agregado fino (arenas) y agua. En algunos casos es necesaria la colocación de algunos aditivos, para darle con esto ciertas características que por sí solo no contiene. (Villalvilla, Mont & Agulles, 2003)

A través del tiempo en México y en el mundo, se ha tenido que lidiar con fenómenos naturales que afectan principalmente a nuestras edificaciones, haciendo que estas sufran diferentes tipos de daños, el más recurrente es la aparición de grietas. Motivo, por lo cual nace la necesidad de la creación de nuevas tecnologías que sean capaces de soportar o reparar dichos problemas ya que después de haber sufrido esto pueda recuperar su resistencia inicial, para lograr evitar el remplazo de elementos estructurales, dando un mantenimiento más económico y sustentable al edificio.

Esta investigación presenta un mortero con resina base poliéster en combinación con diferentes materiales con la finalidad de lograr el mejoramiento y la recuperación de concretos sin poner en riesgo las propiedades mecánicas y su resistencia. Al mismo tiempo se harán pruebas con diferentes proporciones con la finalidad de obtener las características ya descritas con anterioridad y tratando de que sea un producto costeable para todo tipo de edificación.

2. Materiales

Para llevar a cabo la selección de los materiales para obtener la mezcla óptima los que se utilizaran para esta investigación son los siguientes:

- Resina
- Calcita
- Cal
- Cemento Portland
- Yeso
- Arcilla

La resina utilizada fue; 1834-PCS-12 (ver Figura 1) de ACC/MEXICANA de RESINAS S.A. de C. V. es una resina poliéster ortoftálica modificada, preacelerada y de reactividad alta.

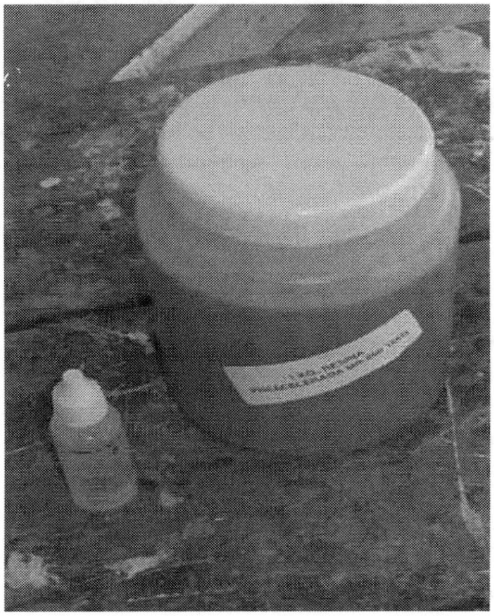

Figura 1. Resina Utilizada para la elaboración del Mortero-Reparador

Este producto para gelar y curar a temperatura ambiente requiere de la adición de un catalizador de peróxido de metiletilcetona (35 gotas por cada 100 g).

Esta resina cuenta con las siguientes características: (Mexicana de Resinas S.A. de C.V., 2012)

- Porcentaje de sólidos que garantizan las propiedades del producto final.
- Viscosidad adecuada para humectar rápidamente la fibra de vidrio.
- Facilidad de expulsión de aire atrapado durante la operación de rolado.
- Resina preacelerada.
- Rápido desarrollo de Dureza Barcol.

Al usarla se cuenta con los siguientes beneficios (Mexicana de Resinas S.A. de C.V., 2012):

- Curado rápido lo que ocasiona alta productividad por molde.
- Alta dureza.
- Buena resistencia.
- Buen acabado superficial.

Las propiedades con las que cuenta esta resina se muestran en la Tabla 1.

Especificación	**Valor**	**Método de Prueba**
Viscosidad @25°C, Brookfield LVF, aguja #3 a 6 rpm, cps	230	GET-03-009
Densidad @ 25°C, g/mL	1.11	GET-03-034
Color	Ambar-Rosa	GET-03-028
Sólidos, %	67	GET-03-038

Tabla 1. Propiedades de la Resina Liquida (Mexicana de Resinas S.A. de C.V., 2012)

Las propiedades del curado para la resina que se utilizara son las siguientes (Tabla 2).

Especificación	**Verano**	**Invierno**	**Método de Prueba**
Tiempo de gel @25°C, min 100 gr de Resina + 1.0% de catalizador NOROX925	12°	9°	GET-03-017
Tiempo de Curado, min	21°	18°	GET-03-017
Temperatura de Exotérmica, °C	182.5	182.5	GET-03-017

Tabla 2. Propiedades de Curado de la Resina de Poliéster (Mexicana de Resinas S.A. de C.V., 2012)

Nota del fabricante: Las características de gel pueden variar de lote a lote debido a la concentración del catalizador, inhibidor y promotores empleados o por un exceso de humedad en el ambiente.

Los pigmentos y las cargas pueden acelerar o retardar el tiempo de gel.

Es recomendable que antes de usar la resina, el fabricante haga pruebas con una pequeña porción de la resina para revisar las características de gel; esto de acuerdo a sus condiciones de operación.

3. Método de Elaboración

Para la realización de este Mortero-Reparador se llevó a cabo el siguiente procedimiento:

1. Dosificación del Mortero-Reparador
2. Caracterización
3. Prueba de Compresión

3.1. Combinación y Dosificación del Mortero-Reparador

Dentro de la investigación se tiene que hacer una selección del material a combinar con la Resina teniendo como objetivo principal de este nuevo material (Mortero-Reparador) tener una buena manejabilidad, consistencia y fácil tipo de uso. Los materiales que se utilizan para la combinación serán Cemento Portland, Cal, Yeso, Calcita y Arcilla.

De acuerdo a pruebas previas, se decide trabajar con la dosificación 30% Resina y 70% Carga.

1. 30% Resina con 70% Cal
2. 30% Resina con 70% Calcita
3. 30% Resina con 70% Cemento Portland
4. 30% Resina con 70% Yeso
5. 30% Resina con 70% Arcilla (Húmeda)
6. 30% Resina con 70% Arcilla (Seca)

Después de realizar estas combinaciones se prosigue a seleccionar un solo material para realizar las pruebas correspondientes. Según Mingarro (2006), una buena trabajabilidad, una adherencia óptima, una retracción mínima, resistencia mecánica apropiada, y una estabilidad adecuada capaz de resistir las condiciones del medio en donde se vayan a encontrar así como el tiempo de fraguado.

1. 30% Resina con 70% Cal, ver Figura 2

Figura 2. Mortero Realizado con Resina y Cal

Las características que contiene esta dosificación son las que se muestran en la siguiente Tabla.

Trabajabilidad	Buena
Adherencia	Buena
Fraguado (tiempo)	Rápido (45 min. aprox.)
Resistencia al Intemperismo	Normal
Observaciones	Tiene buenas propiedades, donde es una buena propuesta para este mortero-reparador

Tabla 3. Características de la combinación 30% Resina con 70% Cal

2. 30% Resina con 70% Calcita, ver Figura 3

Figura 3. Mortero Realizado con Resina y Calcita

Las características que contiene esta dosificación son las que se muestran en la Tabla 4:

Trabajabilidad	Buena
Adherencia	Buena
Fraguado (tiempo)	Rápido (25 - 30 min. aprox.)
Resistencia al Intemperismo	Buena
Observaciones	Esta combinación es la que se utilizara para la realización del mortero-reparador.

Tabla 4. Características de la combinación 30% Resina con 70 % Calcita

3. 30% Resina con 70% Cemento Portland, ver Figura 4

Figura 4. Realizado con Resina y Cemento Portland

A continuación se muestra la Tabla 5 mostrando las características de esta dosificación.

Trabajabilidad	Buena
Adherencia	Buena
Fraguado (tiempo)	Lento
Resistencia al Intemperismo	Regular
Observaciones	Para ser un mortero, no cumpliría por el tiempo que tarda en fraguado.

Tabla 5. Características de la combinación 30% Resina con 70% Cemento Portland

4. 30% Resina con 70% Yeso, ver Figura 5

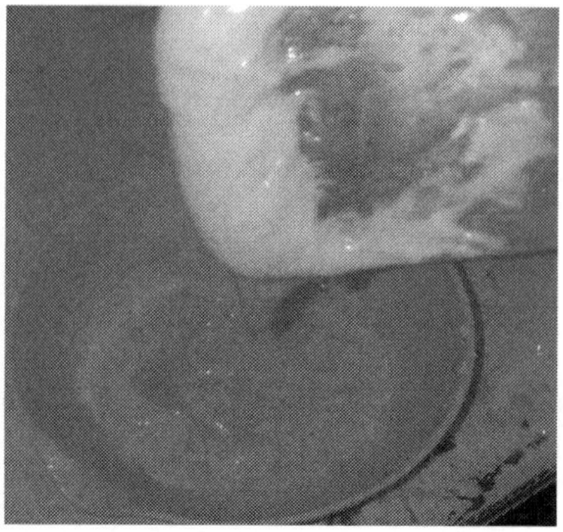

Figura 5. Realizado con Resina y Yeso

Las características que contiene esta dosificación son las que se muestran en la siguiente Tabla 6.

Trabajabilidad	Normal
Adherencia	Buena*
Fraguado (tiempo)	Rápido (5 horas)
Resistencia al Intemperismo	Mala
Observaciones	No es apto por la poco resistencia al intemperismo

*Al momento de colocarse es buena pero, con el tiempo se desprende.

Tabla 6. Características de la combinación 30% Resina con 70% Yeso

5. 30% Resina con 70% Arcilla (Húmeda), ver Figura 6

Figura 6. Mortero Realizado con Resina y Arcilla Húmeda

A continuación se muestra la Tabla 7 mostrando las características de esta dosificación.

Trabajabilidad	Buena
Adherencia	Buena
Fraguado (tiempo)	Malo (tarda alrededor de 10 horas)
Resistencia al Intemperismo	Regular
Observaciones	Cuando comienza a reaccionar la resina con la arcilla, expulsa los excesos de agua. Tiene una resistencia muy buena, y una adherencia muy buena, aunque con el intemperismo no adquiere la adherencia al material, se debe dar más investigación a este tipo de combinación.

Tabla 7. Características de la combinación 30% Resina con 70% Arcilla (húmeda)

6. 30% Resina con 70% Arcilla (Seca)

La cual fue difícil mezclar, y al finalizado del secado de esta dosificación se disgrega fácilmente, ver Figura 7.

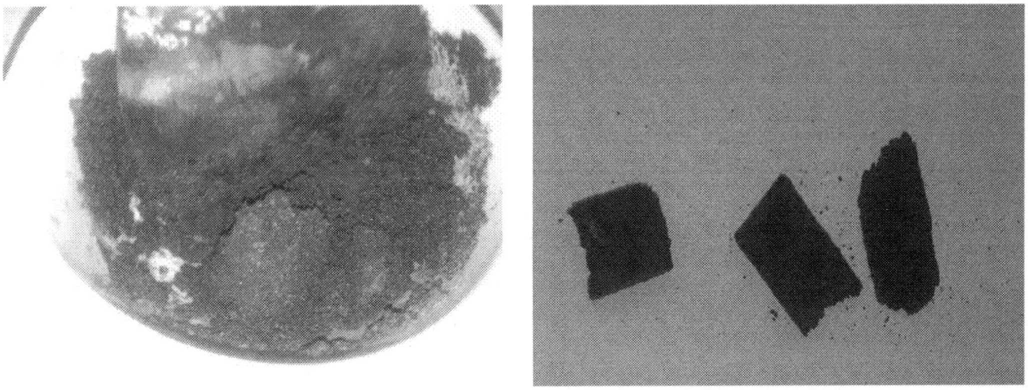

Figura 7. Dosificación de Arcilla seca con Resina de Poliéster

Las siguientes características que se muestran en la Tabla 7 muestran las propiedades de esta combinación.

Trabajabilidad	No tiene
Adherencia	No
Fraguado (tiempo)	Malo
Resistencia al Intemperismo	No se pudo colocar
Observaciones	No es buena esta combinación. No tiene las características que se requieren. A pesar que se integra y seca se disgrega con mucha facilidad

Tabla 8. Características de la combinación 30% Resina con 70% Arcilla (Seca)

Por lo anterior, el mortero con mejores características fue el de resina calcita, lo que nos lleva a realizar sus evaluaciones mecánicas para conocer su resistencia a través del tiempo.

4. Resultados y Discusiones

La resistencia a la compresión que soporto cada probeta de Resina Calcita (30%-70%), se observa en la siguiente tabla. (Véase Tabla 9):

Probeta	**Resistencia a la compresión (kg/cm²)**				
	1	**3**	**7**	**14**	**28**
A	656.20	831.97	867.79	899.71	1081.11
B	645.04	841.11	878.94	909.72	1091.26
C	658.77	846.20	888.74	923.96	1107.14
D	628.31	819.72	865.75	902.73	1132.48
E	652.83	863.86	884.02	889.93	1111.32
F	629.36	830.13	866.96	890.90	1090.07

Tabla 9. Resultados - Resistencia a la compresión de las Probetas, ASTM. (2006)

En la Figura 6 se muestra que este material puede llegar a tener una diferencia de altura de 6 mm aproximadamente (cada probeta es de 5 × 5 × 5 cm) sin llegar a fracturarse por completo, este resultado no es la carga constante que se muestra en la Figura 8 ya que después de que apareció su primer grieta se le continuo aplicando carga y esta tiende a tener una resistencia residual del 10% más al primer agrietamiento hasta llegar a tener esta deformación.

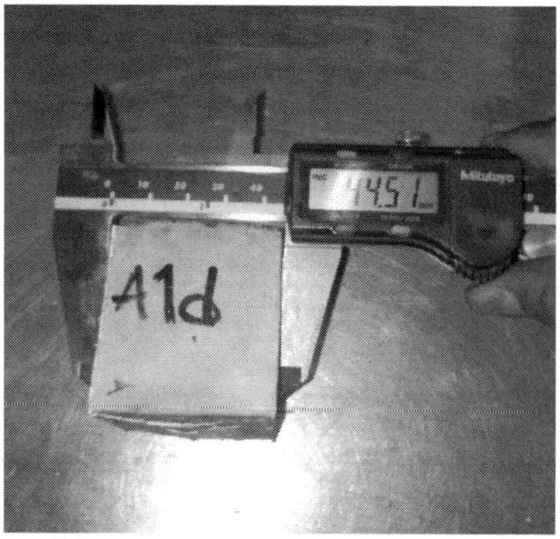

Figura 8. Deformación de 6 mm la probeta después de ser ensayada a compresión, esta originalmente tenía 50.00 mm

5. Conclusiones

Se tiene un materia (Resina Poliéster 30%-70%) con un fraguado final de 45 minutos, con una resistencia a la compresión de 645.08 kg/cm^2 para su primer día la cuál es muy aceptable y su resistencia que se obtuvo a 28 días fue de 1102.23 kg/cm^2. Este Mortero puede fungir como un método de remediación para construcciones dañadas por no contar con arenas. Es un material que sirve de impermeabilizante.

Referencias

ASTM (2006). *Standard Specification for Extended Life Mortar for Unit Masonry.* Annual Book of ASTM Standards, USA: Staff.

Mingarro, M. (2006). *Degradación y Conservación del Patrimonio Arquitectónico.* Madrid, España: Editorial Complutense.

Sánchez, T.A., & Zepeda, O. (1999). *Edificaciones de mampostería para vivienda.* México D.F.: ICA, A.C.

Villalvilla, R., Mont, J. & Agulles, E. (2003). Homogeinización Documental, impartición de las Enseñanzas de Contenidos Prácticos. Veracruz, Mexico: Grupo Vitruvio.

Capítulo 3

Cerámicos de Reciclaje como Sistemas Inteligentes de Protección contra la Corrosión

Lizeth Concha-Guzmán[1], Estela Sarmiento-Bustos[2], Carmina Menchaca-Campos[1], Jorge Uruchurtu-Chavarín[1]

[1]Centro de Investigación en Ingeniería y Ciencias Aplicadas (CIICAp), Universidad Autónoma del Estado de Morelos, Avda. Universidad 1001, Col. Chamilpa, C.P. 62209, Cuernavaca, Morelos, México

[2]División Académica de Mecánica Industrial, Universidad Tecnológica Emiliano Zapata del Estado de Morelos (UTEZ), Avda. Universidad Tecnológica No. 1, Col. Palo Escrito, C.P. 62760, Emiliano Zapata, Morelos.

lizeth.concha@uaem.mx, estela_sarmiento@yahoo.com.mx, cmenchaca@uaem.mx, juch25@uaem.mx

Doi: http://dx.doi.org/10.3926/oms.243

Referenciar este capítulo

Concha-Guzmán, L., Sarmiento-Bustos, E., Menchaca-Campos, C., & Uruchurtu-Chavarín, J. (2015). Cerámicos de reciclaje como sistemas inteligentes de protección contra la corrosión. En Martínez Barrera, G., Hernández Zaragoza, J.B., López Lara, T., & Menchaca Campos, C. (Eds.). *Materiales Sustentables y Reciclados en la Construcción*. Barcelona, España: OmniaScience. pp. 43-59.

1. Introducción

Los inhibidores químicos, como los cromatos y nitritos, juegan un papel importante en las estrategias de protección y de mitigación para retardar la corrosión. Debido a la toxicidad de los inhibidores de corrosión ampliamente utilizados y las regulaciones ambientales cada vez más limitantes que regulan su uso y posible eliminación han sido cuestionados últimamente (Samiento-Bustos, González-Rodriguez, Uruchurtu-Chavarín, Dominguez-Patiño, & Salinas-Bravo, 2008; Broussard, Bramantit & Marchese, 1997; Bastos, Ferreira & Simões, 2006) debido a los efectos negativos que han causado en el ambiente.

Existe un gran interés en la sustitución de los inhibidores nocivos por alternativas no peligrosas eficaces (Raja & Sethuraman, 2008). Durante las últimas dos décadas, una extensa investigación y desarrollo han llevado al descubrimiento de nuevas clases de inhibidores de la corrosión, y la importancia en el uso de varios fármacos como inhibidores ha crecido.(Gökhan, 2011). En los últimos años muchos materiales ecológicos alternativos han sido estudiados, que van desde elementos de tierras raras (Bethencourt, Botana, Calvino & Marcos, 1998) a los compuestos orgánicos (Moretti, 2004).

Las medicinas caducadas pueden ser probadas como inhibidores de la corrosión, ya que que la sustancia activa se degrada mínimamente. Un importante estudio a este respecto es el realizado por la Food and Drug Administration (FDA) en 1985, mostrando que el 90% de los medicamentos mantiene la estabilidad a largo plazo después de la fecha de caducidad (Vaszilcsin, Ordodi & Borza, 2012). El Lansoprazol, 2-{(3-metil-4-(2,2,2-trifluoroetoxi)-2-piridil)metil} ulfinylbenzimidazole, ver Figura1, es un derivado de bencimidazol, que se utiliza clínicamente en el tratamiento de enfermedades ulcerosas gástricas (Zhang, Sun, Wu, Lu & Guan, 2008).

La caolinita, con la fórmula química $Al_2[Si_2O_5]$ $(OH)_4$, es un material cerámico de origen natural, formada por superposición de láminas tetraédricas de silicio y láminas octaédricas de aluminio (Pinnavaia & Beal, 2009; Cabedo, Gimenez & Lagaron, 2004), Figura 2. Los grupos funcionales más reactivos en la caolinita son grupos hidroxilo, que son capaces de tomar parte en muchas reacciones químicas, así como en los procesos de intercambio de iones (Astruc, Joliff & Chailan, 2009). La Caolinita, es una materia prima industrial importante, por su variedad de aplicaciones, particularmente como relleno de papel, en la industria cerámica y pigmentos de revestimiento (Rissa, Lepistö & Yrjölä, 2006). Se utiliza como un extensor en pinturas y tintas de base acuosa, aditivo funcional en polímeros y componente principal en la cerámica y un mineral abundante de bajo costo. Dependiendo de la aplicación, la caolinita a menudo se modifica a partir de su estado natural mediante tratamiento físico o químico para mejorar las propiedades del material como se observa en las Figuras 1 y 2 (Xu, 2007; Chenga, Liu, Yang, Ma & Frost, 2012).

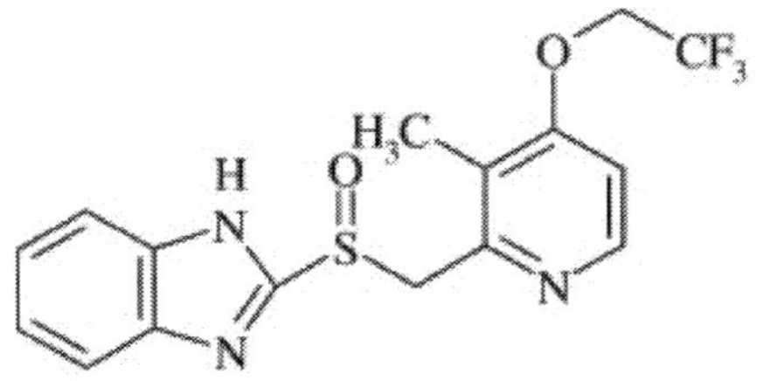

Figura 1. Estructura química del Lansoprazol

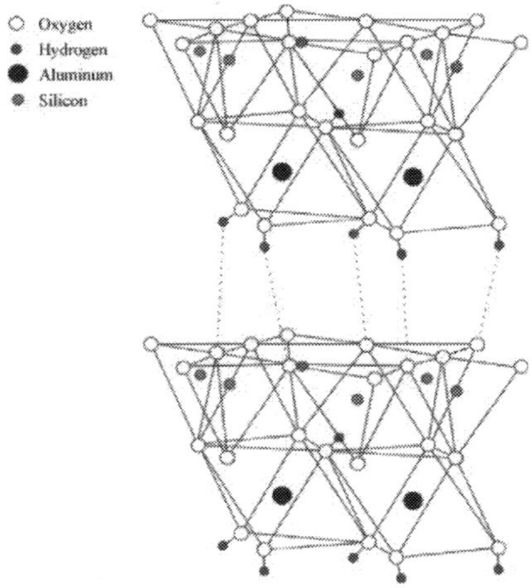

Figura 2. Estructura de la Caolinita

2. Discusión

2.1. Evaluación Electroquímica del Lansoprazol como Inhibidor de la Corrosión

Se requiere evaluar cualquier substancia para ser utilizada como inhibidor de la corrosión y se realiza esto a partir de técnicas electroquímicas. El lansoprazol (caducado de una marca comercial de farmacia de genéricos), se disolvió en metanol para obtener las concentraciones propuestas (50, 75, 100, 125, 150 y 200 ppm).

Para llevar a cabo la evaluación se realizaron curvas de polarización del acero 1018 en solución de NaCl al 3% de pH neutro con diferentes concentraciones del lansoprazol como inhibidor de la corrosión, que se muestran en la Figura 3. Se puede observar que el potencial de corrosión se hace más noble a medida que se aumenta la concentración del inhibidor, y se presenta un zona pasiva a sobre potenciales anódicos. La rama catódica presenta una corriente limite asociada a la reducción de oxígeno, con picos de reducción posiblemente de especies asociadas al inhibidor.

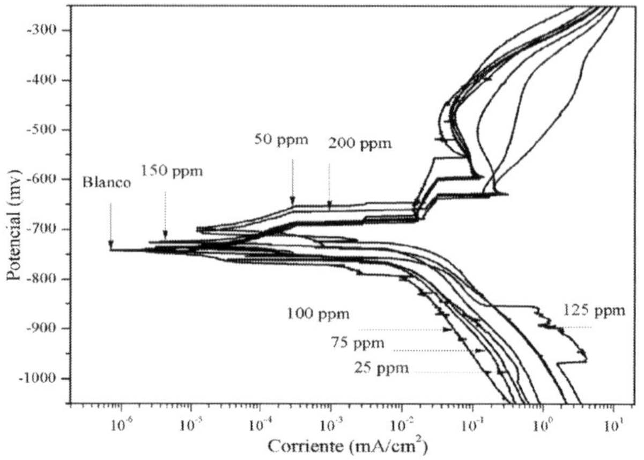

Figura 3. Curvas de polarización del acero 1018 en solución neutra con varias concentraciones del lansoprazol como inhibidor de la corrosión

Los diagramas de Impedancia electroquímica se muestran en la Figura 4, y se observa que la mejor concentración como inhibidor de la corrosión es de 150 ppm con un módulo de impedancia cerca a 1200 ohms.cm^2; se esperaría que para 200 ppm la inhibición del lansoprazol mejorara, en cambio el módulo de impedancia baja hasta 70 ohms.cm^2. En el diagrama se observa una impedancia de alrededor de 500 ohms.cm^2 para 100 ppm. Para 50, 75 y 125 ppm se observa una impedancia semejante. El diagrama de ángulo de fase (Figura 4), permite determinar la concentración del inhibidor que proporciona mejores resultados presentando un comportamiento que es función de la transferencia de carga en altas frecuencias y el transporte de masa a bajas frecuencias. Esto se aprecia en los valores de la Tabla 1 donde se incluyen los parámetros de impedancia electroquímica en función de la concentración, donde se observa el mayor valor de resistencia de transferencia de carga para 150 ppm. El estudio electroquímico en función del tiempo de inmersión se realizó durante 144 horas (6 días) y la Tabla 1 presenta los parámetros electroquímicos y las eficiencias que se calcularon con la Ecuación 1.

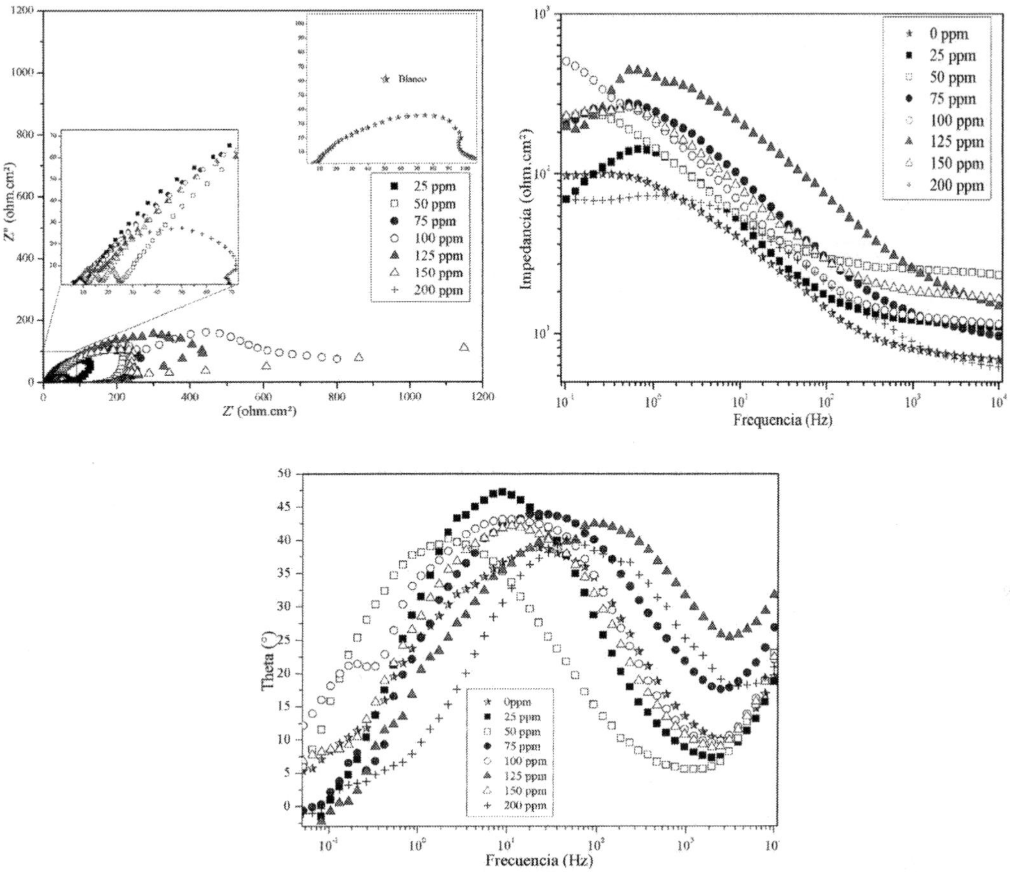

Figura 4. Diagramas EIS para el acero 1018 en solución neutra con varias concentraciones del lansoprazol como inhibidor de la corrosión

Parámetros EIS		**Concentración (ppm)**							
		0	**25**	**50**	**75**	**100**	**125**	**150**	**200**
Potencial	(mV)	-587.87	-394	-347.81	-518.5	-632.38	-522.3	-584.1	-368.6
Rsol	(Ω.cm^2)	6.568	0.116	0.236	0.175	0.114	9.262	0.129	7.035
Rct	(Ω.cm^2)	109	164.5	278.5	254.8	261	487.2	646.5	151.8
Cdl	(μF/ cm$^{2)}$	1.126	0.16	306	40	157	0.14	10.5	0.52
Eficiencia	%	-	31.98	59.82	56.08	57	77.03	82.69	26.2

Tabla 1. Parámetros de impedancia electroquímica del lansoprazol como inhibidor de la corrosión en acero 1018 al momento de la inmersión

La Figura 5 presenta las eficiencias en función del tiempo de inmersión donde se observa el mejor comportamiento para la muestra que contiene 150 ppm, pero que disminuye después de 70 horas de inmersión. Caso contrario para las muestras de 50 y 200 ppm que aumentan y se mantienen hasta el final de la prueba.

La manera en que se evaluó la efectividad de inhibición (*EI*) del lansoprazol es mediante la ecuación:

$$EI(\%) = (Z(inhib) - Z(blanco))/(Z(inhib)) \times 100 \quad (1)$$

donde:

EI es la eficiencia del inhibidor

Z(*blanco*) es la impedancia del sistema sin inhibidor

Z(*inhib*) es la impedancia del sistema con inhibidor.

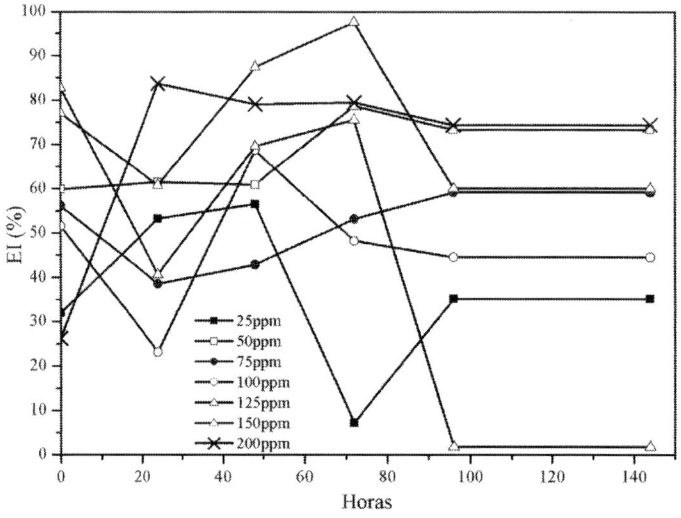

Figura 5. Eficiencia del lansoprazol después de 144 horas de prueba

2.2. Caracterización del Sistema Caolinita-Lansoprazol como Inhibidor de la Corrosión del Acero 1018

Para utilizar la caolinita como almacenador del inhibidor, primero se requiere caracterizar. Se utilizó caolinita de desecho del proceso de fabricación de artesanías de cerámica. En una cápsula de porcelana se colocó una muestra de 5 gramos de caolinita para darle tratamiento térmico a 350, 400, 450, 500 y 560°C por 24 horas. Posteriormente al tratamiento térmico, se realizó el lavado de la caolinita con: 1) agua oxigenada, 2) acetona y 3) metanol. Finalmente, cada muestra tratada se secó a 120°C por 1 hora.

Los resultados sugieren que la caolinita tratada térmicamente a 400° lavada con metanol presenta mejorías en la dispersión con una distancia interlaminar de 7.1662 Å. La Figura 6 muestra el espectro XRD de la caolinita después de dicho tratamiento, el pico característico de la caolinita se encuentra en el ángulo 12°, congruente con lo que se reporta en la literatura (Éva, Kristóf, Horváth & Vágvölgyi, 2013). Esto favorece su utilización como contenedor del inhibidor de la corrosión.

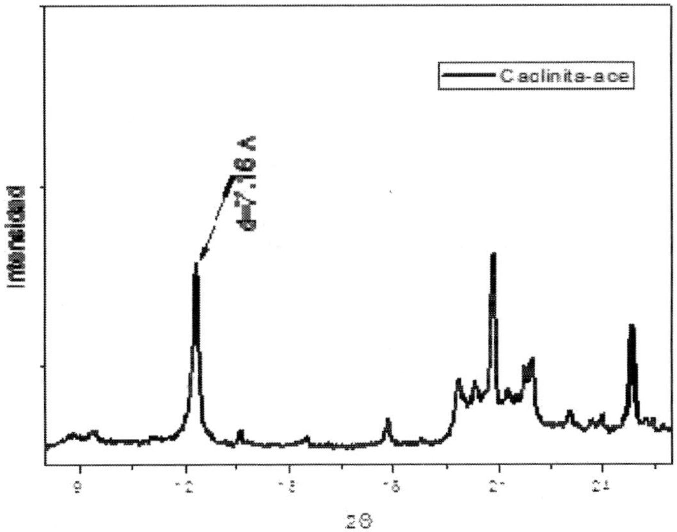

Figura 6. Patrón de difracción de rayos X de muestras de caolinita después del tratamiento térmico a 400°C y del lavado

2.3. Caracterización de Tamaño de Partículas

Esta caracterización se realizó con el equipo ANALYSETTE 22 MicroTec plus de la marca Fristch, instrumento de medición de partículas por láser compacto para todas las aplicaciones de medición convencionales en el intervalo de 0,08-2000 µm a temperatura ambiente.

La Tabla 2 y la Figura 7 presentan los resultados de los tamaños de partícula de la caolinita con las condiciones de trabajo:

- Caol-est: se refiera a la caolinita obtenida de desechos del proceso de fabricación de artesanías de cerámica, Figura 7a.
- Caol-ac: es la caolinita que fue lavada con acetona, Figura 7b.
- Caol-me (OH): caolinita lavado con metanol, Figura 7c.
- Caol–Lns – ac; caolinita dopada con lansoprazol en acetona, Figura 7d.
- Caol-Lns -me (OH); caolinita dopada con lansoprazol en una solución de metanol, Figura 7e.

De acuerdo con estos resultados la caolinita dopada con el lansoprazol en metanol tiene el menor tamaño de partícula respecto a la caolinita estándar.

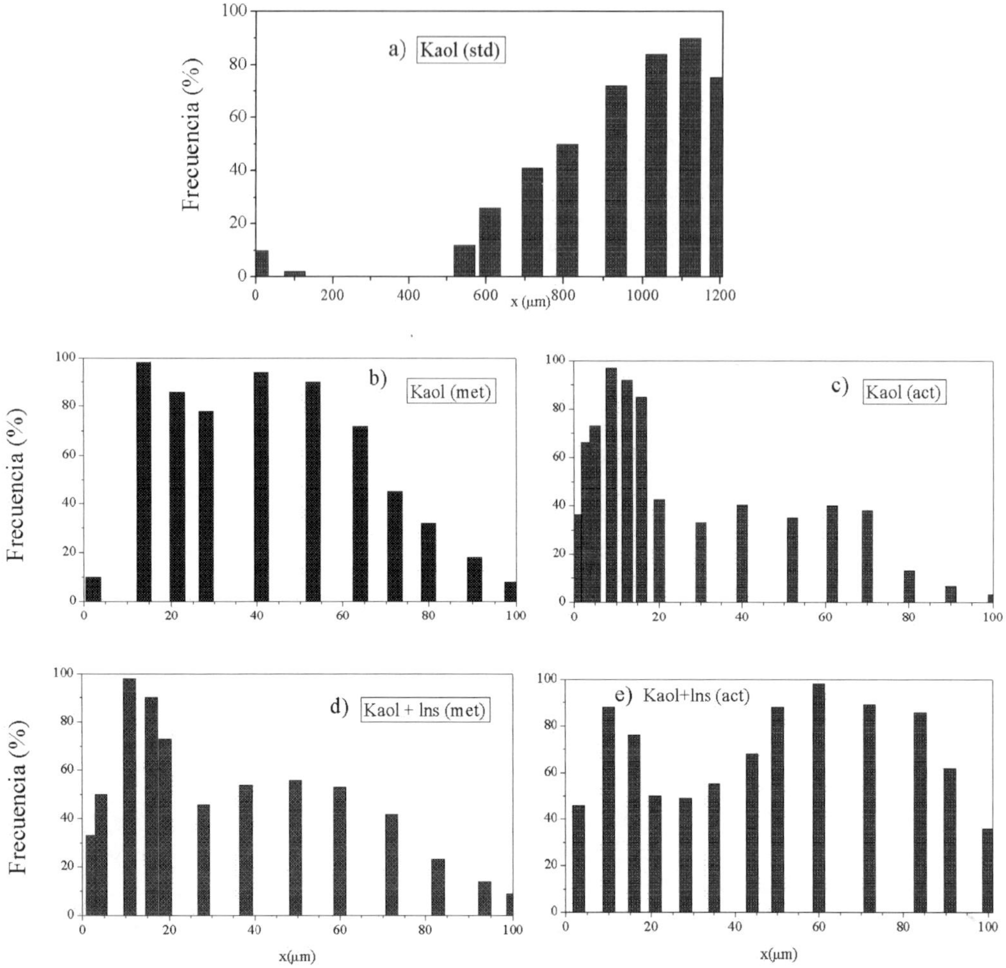

Figura 7. Comparación del tamaño de partícula de los diferentes métodos de lavado y dopado

Partícula	Tamaño (μm)
Caol-est	1120
Caol-ac	66.5
Caol-me(OH):	55
Caol–Lns – ac	203
Caol-Lns -me(OH)	49.5

Tabla 2.Resultado del tamaño de partícula después de los diferentes lavados

2.4. Carga del Inhibidor en las Partículas de Caolinita

Para preparar la carga del inhibidor lansoprazol ($C_{16}H_{14}N_3F_3O_2S$) en caolinita ($Al_2Si_2O_5$ $(OH)_4$), se prepararon dos soluciones saturadas, la primera; 25 mg de Lansoprazol y 100 mL de metanol y la segunda 25 mg de lansoprazol, 50 mL de acetona y 50 mL de metanol.

A estas soluciones se les agregó 1.2g de caolinita para el metanol y 1.25g de caolinita para la combinación de metanol-acetona, se mantuvieron en agitación continua durante 72 horas y después de este tiempo se dejaron secar a temperatura ambiente, y finalmente se calculó la ganancia en peso de la caolinita debido al lansoprazol adsorbido.

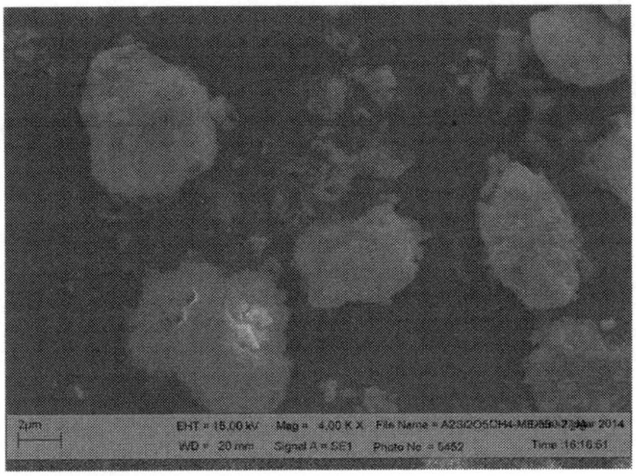

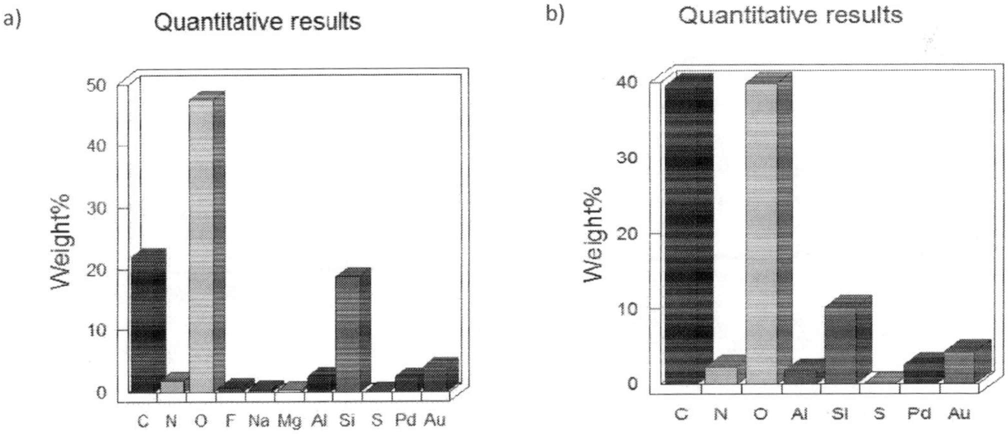

Figura 8. Composición química de caolinita cargada con el lansoprazol en metanol (a) y en metanol-acetona (b)

Para la caolinita tratada en la mezcla de metanol se obtuvo un 7.7% de ganancia en peso, correspondiente al lansoprazol adsorbido. Mientras que para el caso donde se utiliza la solución metanol-acetona, la ganancia en peso fue de 13.2% de lansoprazol. De acuerdo con estos resultados, la mejor carga de la caolinita fue la mezcla metanol-acetona, por lo que se considera este sistema como el adecuado para integrar el inhibidor orgánico al contenedor inteligente.

La Figura 8 muestra la imagen de la caolinita con el lansoprazol y el análisis químico elemental de los componentes del lansoprazol (azufre y nitrógeno) confirmando su presencia en la caolinita dopada. En la Tabla 3 se presenta la composición química para los materiales de referencia (caolinita y lansoprazol) y para la caolinita dopada con diferentes concentraciones de lansoprazol en los diferentes medio probados.

Elemento	**Caolinita**	**Lansoprazol**	**Caolinita-lansoprazol (metanol)**	**Caolinita- lansoprazol (metanol- acetona)**
	Peso (%)			
Carbono	7.63	74.7	39.54	21.95
Nitrógeno	-	0.65	2.2	1.79
Oxigeno	56.33	12.25	39.81	47.54
Flúor	-	1.04	-	0.71
Azufre	-	1.27	0.01	0.03
Silicio	30.96	-	10.13	18.71
Aluminio	5.09	-	1.72	2.42

Tabla 3. Composición química de la caracterización EDS, de la carga del lansoprazol en la caolinita

2.5. Preparación del Recubrimiento

El recubrimiento se prepara utilizando una pintura acrílica comercial, que hace la función de barrera física entre el metal y el medio agresivo, a esta se agregaron diferentes concentraciones de caolinita conteniendo el inhibidor adsorbido. La tabla 4 presenta las diferentes relaciones entre la pintura y la caolinita y el contenido de sólidos totales de la mezcla, reportada como total de sólidos.

Caolinita (%)	**Caolinita (g)**	**Pintura liquida (g)**	**Pintura seca (g)**	**Total de sólidos (g)**
2.5	0.05	6.037	1.95	2
5	0.1	5.882	1.9	2
7.5	0.15	5.727	1.85	2
10	0.2	5.572	1.8	2

Tabla 4.Preparación de la pintura con caolinita a diferentes porcentajes

2.6. Transparencia del Recubrimiento Compuesto

La Figura 9 presenta los asentamientos obtenidos tras una semana de reposo de la pintura conteniendo las diferentes concentraciones de caolinita. Se puede observar que la muestra que contiene el 2.5% de caolinita, la sedimentación es casi nula, por consecuencia es la de mayor transparencia. Las de 5 y 7 % presentan características similares en cuanto a sedimentación y transparencia. Y la de 10% presenta la mayor sedimentación y opacidad.

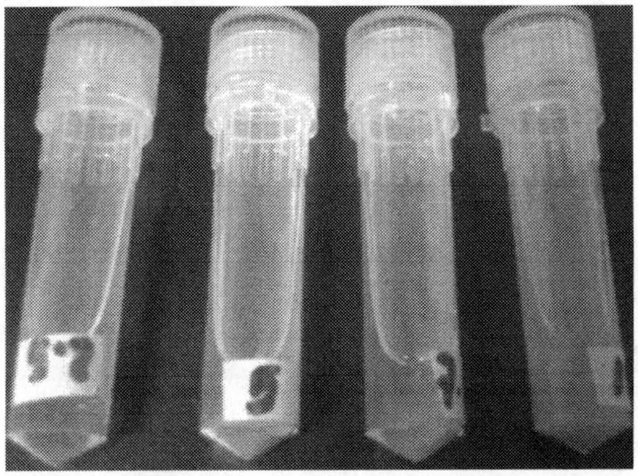

Figura 9. Transparencia de la pintura después de una semana de asentamiento de la caolinita dopada con el lansoprazol

En la Figura 10 se presentan imágenes de microscopía óptica de la pintura con las diferentes concentraciones de caolinita y se comparan con una muestra de pintura sola.

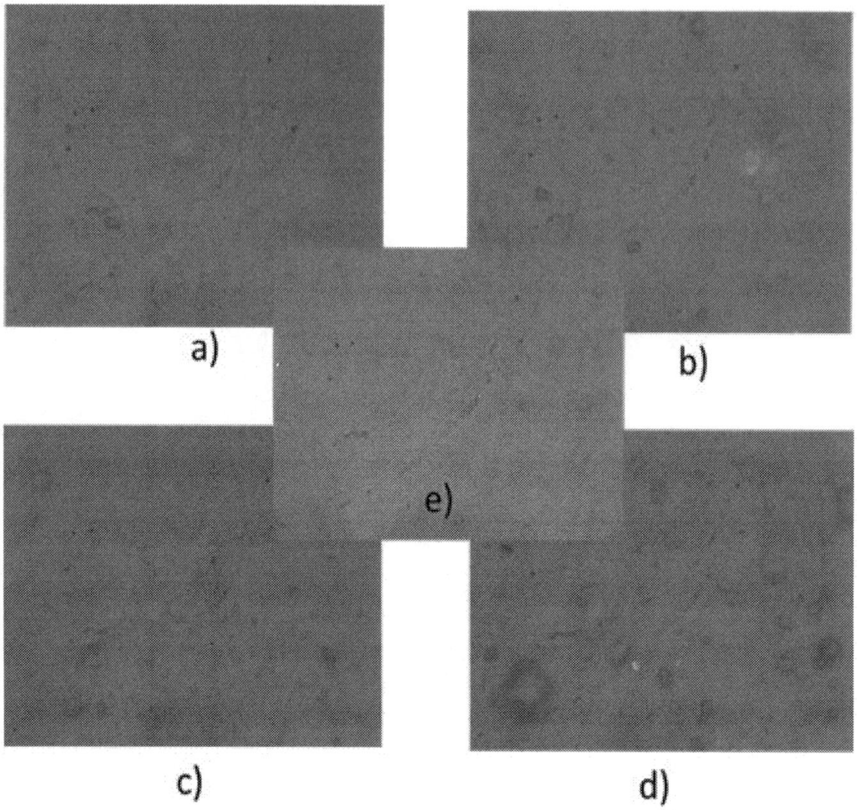

Figura 10. Película con diferentes concentraciones de partículas: 2.5% (a), 5%(b), 7.5%(c), 10% (d) de caolinita y película de referencia (sin partículas) (e)

2.7. Evaluación Electroquímica

Para evaluar la eficacia del sistema inteligente de protección contra la corrosión, se prepararon muestras de acero al carbón, aplicando sobre ellas una capa de pintura con pincel fino. Las muestras se sumergieron en una solución de sulfato de sodio 1M conteniendo 3% de cloruro de sodio v/p.

En la Tabla 5 se presentan los valores calculados para preparar las mezclas de pintura-sistema inteligente utilizadas en la evaluación electroquímica de la pintura conteniendo caolinita dopada con inhibidor.

Porcentaje en solidos	Caolinita + inhibidor (g)	Caolinita (g) 86.8%	Inhibidor (g) 13.2%	ppm
2.5	0.0125	0.0109	0.0017	1.7
5	0.025	0.0217	0.0033	3.3
7.5	0.0375	0.0325	0.0049	4.9
10	0.05	0.0434	0.0066	6.6

Tabla 5. Parámetros para realizar las pruebas de Polarización

Se realizaron curvas de polarización (Figura 11) y de acuerdo con los resultados de las diferentes concentraciones en partes por millón (ppm) del lansoprazol, se obtuvieron los parámetros electroquímicos de la Tabla 6, y se observa que para 1.7 ppm se encuentra la menor velocidad de corrosión que es de 0.131 mA/cm^2 y la mayor velocidad de 0.41 mA/cm^2 en 3.3 ppm.

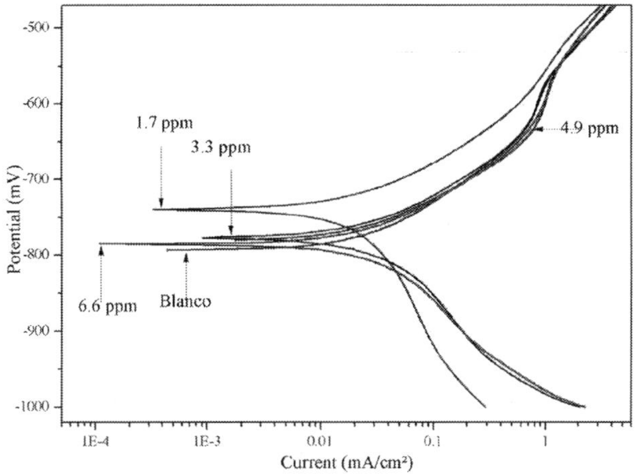

Figura 11. Curvas de polarización de acuerdo al porcentaje de ganancia máxima del inhibidor en la caolinita dopada en acero 1018 en solución simulada como atmosférica

La velocidad de corrosión i_{corr} fue calculada con:

$$i_{corr} = \frac{B}{R_p}$$

donde la constante de Tafel B = 26.053 y R_p es la resistencia a la polarización

Concentración de Inhibidor (ppm)		Ba (mV)	Bc (mV)	Icorr (mA/cm^2)	Ecorr (mV)	LPR (ohm/cm^2)
Blanco		120	120	0.50	-820	17.27
Lansoprazol	1.7	120	120	0.13	-737	19.94
	3.3	120	120	0.41	-780	18.48
	4.9	120	120	0.37	-783	18.92
	6.6	120	120	0.32	-785	19.6

Tabla 6. Parámetros de curvas de polarización del inhibidor en la caolinita dopada en acero 1018 en solución simulada como atmosférica

El recubrimiento compuesto de 2.5% de caolinita dopada con 1.7 ppm de lansoprazol se utilizó para realizar pruebas de Impedancia (EIS) y Ruido electroquímico (RE) en función del tiempo, durante 28 días de inmersión. Los resultados para impedancia se presentan en modo de diagramas de Nyquist, Bode y ángulo de fase (θ), respectivamente ver Figura 12. El diagrama de Nyquist presenta un cambio en el diámetro del semicírculo, que se refleja en el diagrama de Bode, el cual presenta variación en los valores de impedancia total. El máximo observado de las curvas en el diagrama del ángulo de fase se ve desplazado hacia valores menores de frecuencia. A medida que pasa el tiempo de inmersión, la impedancia del sistema disminuye debido a la degradación de la acción protectora de la pintura como barrera, promoviendo con esto la posible actividad del inhibidor. Se puede observar que para 14 y 28 días, la impedancia del sistema se incrementa, debido posiblemente a la acción del inhibidor.

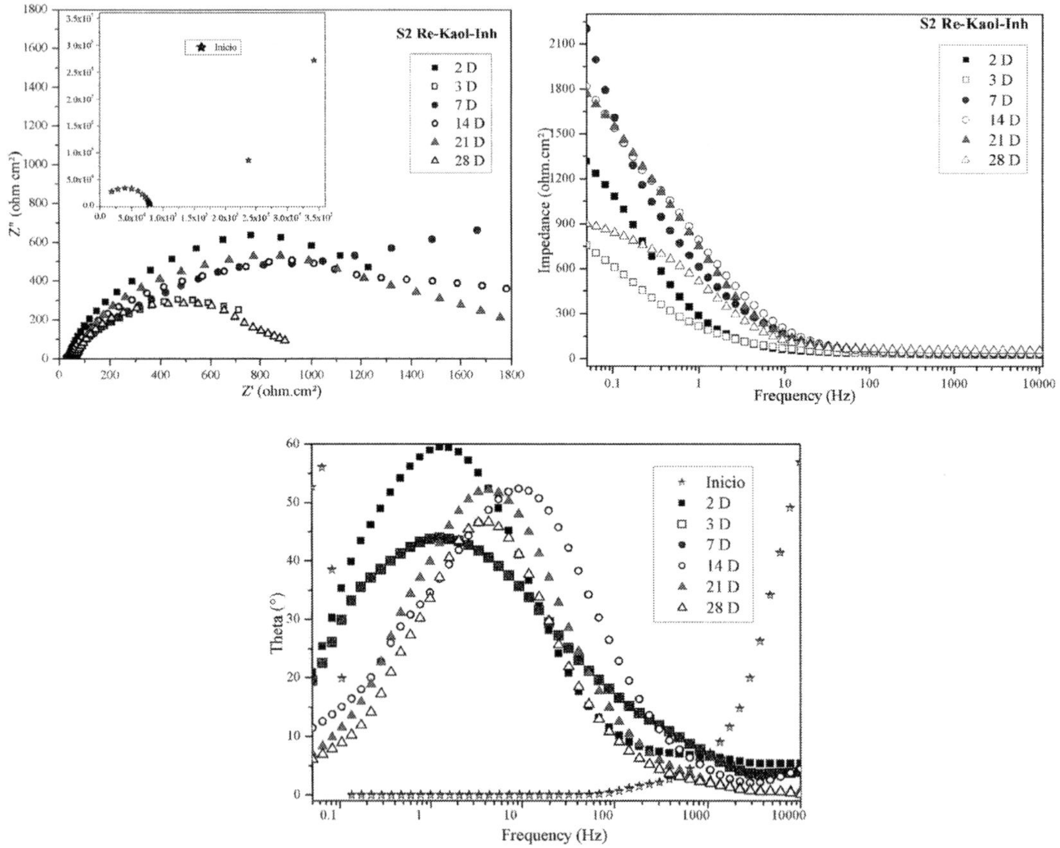

Figura 12. Evaluación electroquímica del recubrimiento compuesto de 2.5% de caolinita dopada con lansoprazol para el acero 1018

La Figura 13 presenta el potencial de corrosión y resistencia de ruido en función del tiempo para el acero 1018. Puede observarse un potencial mucho más noble por la presencia del sistema inteligente de protección contra la corrosión. Esto se corrobora con los valores de resistencia de ruido en función del tiempo de inmersión para el acero 1018, donde se observa un valor estable para la muestra con inhibidor por arriba de 10000 ohms.cm^2.

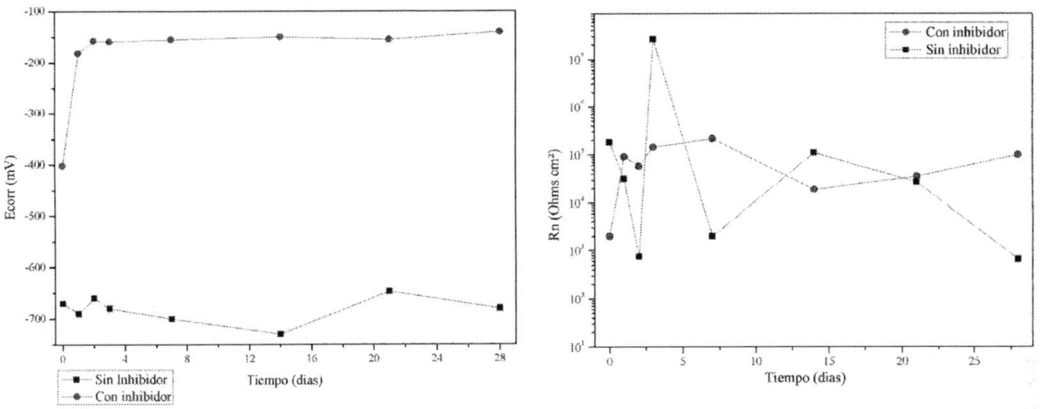

Figura 13. Potencial de corrosión y resistencia en ruido electroquímico en función del tiempo para el acero 1018 sin partículas y con 2.5% de caolinita conteniendo 1.7 ppm de Lansoprazol (inhibidor)

3. Investigaciones Futuras

Estos recubrimientos requieren pruebas en cámara de niebla y en exposición en ambiente natural para determinar su comportamiento como sistema inteligente de protección contra la corrosión.

4. Conclusiones

Los resultados presentados confirman la posibilidad de utilizar cerámicos de reciclaje como sistemas inteligentes de protección contra la corrosión, dando un valor agregado al sistema haciéndolo más amigable con el ambiente.

Agradecimientos

Al CONACYT y al PRODEP por financiar estos estudios.

Referencias

Astruc, A., Joliff, E., & Chailan, J. (2009). Incorporation of kaolin fillers into an epoxy/polyamidoamine matrix for coatings. *Progress in Organic Coating*, 65(1), 158-168. http://dx.doi.org/10.1016/j.porgcoat.2008.11.003

Bastos, A., Ferreira, M., & Simões, A. (2006). Corrosion inhibition by chromate and phosphate extracts for iron substrates studied by EIS and SVET. *Corrosion Science*, 48(6), 1500-1512. http://dx.doi.org/10.1016/j.corsci.2005.05.021

Bethencourt, M., Botana, F., Calvino, J., & Marcos, M. (1998). Lanthanide compounds as envirenmentally-friendly corrosion inhibitors of aluminium alloys. *Corrosion Science*, 11(1), 1803. http://dx.doi.org/10.1016/S0010-938X(98)00077-8

Broussard, G., Bramantit, O., & Marchese, F. (1997). Occupational risk and toxicology evaluations of industrial water conditioning. *Occup. Med,* 47(6), 337-340. http://dx.doi.org/10.1093/occmed/47.6.337

Cabedo, L., Gimenez, E., & Lagaron, J. (2004). Development of EVOH-kaolinite nanocomposites. *Polymer*, 45(15), 5233-5238. http://dx.doi.org/10.1016/j.polymer.2004.05.018

Chenga, H., Liu, Q., Yang, J., Ma, S., & Frost, R. (2012). The thermal behavior of kaolinite intercalation complexes-A review. *Thermochimica Acta*, 545(10), 1-13. http://dx.doi.org/10.1016/j.tca.2012.04.005

Éva, M., Kristóf, J., Horváth, E., & Vágvölgyi, V. (2013). Mechanochemical intercalation of low reactivity kaolinite. *Applied Clay Science*, 13(42), 24-31.

Gökhan, G. (2011). Drugs: A review of promising novel corrosion inhibitors. *Corrosion Science*, 53(12), 3873-3898. http://dx.doi.org/10.1016/j.corsci.2011.08.006

Moretti, G. (2004). Tryptamine as a green iron corrosion inhibitor in 0.5 M deaerated sulphuric acid. *Corrosion Science*, 46(2), 387-403. http://dx.doi.org/10.1016/S0010-938X(03)00150-1

Pinnavaia, T., & Beal, G. (2009). *Polimer-Clay nanocomposite*. Wiley, New York 2000, p. 17.

Raja, P., & Sethuraman, M. (2008). Natural products as corrosion inhibitor for metals in corrosive media – A review. *Materials Letter*, 62(1), 113-116. http://dx.doi.org/10.1016/j.matlet.2007.04.079

Rissa, K., Lepistö, T., & Yrjölä. (2006). Effect of kaolin content on structure and functional properties of water-based coatings. *Progress in Organic Coatings*, 56(2), 137-141. http://dx.doi.org/10.1016/j.porgcoat.2005.09.009

Samiento-Bustos, E., González-Rodriguez, J., Uruchurtu-Chavarín, J., Dominguez-Patiño, G., & Salinas-Bravo, V. (2008). Effect of inorganic inhibitors on the corrosion behavior of 1018 carbon steel in the LiBr + ethylene glycol + H2O mixture. *Corrosion Science*, 50(8), 2296-2303. http://dx.doi.org/10.1016/j.corsci.2008.05.014

Vaszilcsin, N., Ordodi, V., & Borza, A. (2012). Corrosion inhibitors from expired drugs. *International Journal of Pharmaceutics*, 432(1-2), 241-244. http://dx.doi.org/10.1016/j.ijpharm.2012.04.015

Zeng, Y.J.; Ye, Z.Z.; Xu, W.Z.; Liu, B.; Che, Y.; Zhu, L.P.; Zhao, B.H, (2007). Study on the Hall-effect and photoluminescence of N-doped p-type ZnO thin films. *Materials Letters*, 61(1), 41-44. http://dx.doi.org/10.1016/j.matlet.2006.04.001

Zhang, X., Sun, N., Wu, B., Lu, Y., & Guan, T. (2008). Physical characterization of lansoprazole/PVP solid dispersion prepared by fluid-bed coating technique. *Powder Technology*, 182(3), 480-485. http://dx.doi.org/10.1016/j.powtec.2007.07.011

Capítulo 4

Uso de Materiales Reciclados para el Mejoramiento de las Propiedades Mecánicas y Electroquímicas de Concreto Reforzado

Sandra Viveros-Aguirre[1], Ibeth Rivera-Ortíz[1], Alberto Álvarez-Castillo[2], Carmina Menchaca-Campos[1], Jorge Uruchurtu-Chavarín[1]

[1]Centro de Investigación en Ingeniería y Ciencias Aplicadas (CIICAp), Universidad Autónoma del Estado de Morelos (UAEM), Av. Universidad 1001, Col. Chamilpa, C.P. 62209, Cuernavaca, Morelos, México.

[2]Instituto Tecnológico de Zacatepec (ITZ), Calzada Instituto Tecnológico 27, Col. Ampl. Plan de Ayala, C.P. 62780, Zacatepec, Morelos, México.

sandra.viveros@uaem.mx, ibeth.rivera@uaem.mx, nuabli@hotmail.com, cmenchaca@uaem.mx, juch25@uaem.mx

Doi: http://dx.doi.org/10.3926/oms.244

Referenciar este capítulo

Viveros-Aguirre, S., Rivera-Ortíz, I., Álvarez-Castillo, A., Menchaca-Campos, C., & Uruchurtu-Chavarín, J. (2015). Uso de materiales reciclados para el mejoramiento de las propiedades mecánicas y electroquímicas de concreto reforzado. En Martínez Barrera, G., Hernández Zaragoza, J.B., López Lara, T., & Menchaca Campos, C. (Eds.). *Materiales Sustentables y Reciclados en la Construcción*. Barcelona, España: OmniaScience. pp. 61-71.

1. Introducción

En la actualidad existe un problema latente que afecta la infraestructura y economía de todos los países del mundo, es lamentablemente un problema global, denominado corrosión. La corrosión en alguna de sus definiciones es el deterioro de las propiedades físicas y/o químicas de un material por el paso del tiempo a consecuencia de los efectos ambientales (Schweitzer, 1996).

El fenómeno de la corrosión en metales se refiere a una reacción electroquímica que ocurre en la interfase metal-medio ambiente; es decir, la corrosión, en cualquiera de sus tipos, se presentará en la superficie del metal que se encuentra en contacto con un medio electrolítico; dando como resultado la transformación irreversible del metal a un estado de oxidación (Cembrero, 2005). Esta transformación propicia que el metal pierda sus propiedades físicas y químicas, dando lugar a que ya no sea utilizable o idóneo en el desempeño para el que fue seleccionado.

Para controlar el fenómeno de corrosión se utilizan los recubrimientos metálicos y/o orgánicos, los cuales presentan una barrera física entre el metal y el medio para reducir sus efectos. También es común utilizar los inhibidores de la corrosión, substancias químicas que reaccionan o interaccionan con el metal o el medio para reducir la velocidad de disolución metálica, permitiendo que el metal alcance o supere su vida útil.

Una aplicación importante de los metales es su uso en la construcción; ya que es utilizado durante el proceso de construcción y también como elemento estructural. El concreto reforzado, es un sistema ampliamente utilizado por presentar excelentes propiedades mecánicas a la tensión y compresión que le imparten sus elementos constitutivos. Además de ésto, el pH del concreto (aproximadamente 12.5) ofrece condiciones ideales para la pasivación del acero.

El concreto es la mezcla homogénea de materiales granulométricos, un cementante y un hidratante. Está formado por arena, grava, cemento y agua y cuando integra elementos metálicos como varilla corrugada se conoce como concreto reforzado. También es considerada la relación de vacíos que contiene, puesto que esta indica la porosidad de la estructura (Valera, 2005).

El acero en la construcción es sumamente importante, ya que refuerza al concreto para permitir que el elemento estructural tenga óptimas propiedades mecánicas de flexión y compresión, es decir que soporte la carga o peso para el que fue diseñado, aunado a que abata los efectos de pandeo o deformación longitudinal (Gutiérrez de López, 2003).

La resistencia a la deformación longitudinal es el aporte del acero de refuerzo en la estructura, ya que tiene una propiedad mecánica denominada flexión, que permite que se pueda deformar y regresar a su forma original un gran número de veces.

El tiempo de vida de un concreto reforzado, se determina tomando en cuenta diversos factores como: cementante, agregados y tipo de agua utilizada, tipo de suelo donde se construye la estructura, capacidad de carga que debe soportar, cantidad de acero de refuerzo necesario, tipo de edificación según su uso y las *cargas móvileso vivas* (Tejero, 1987).

Las condiciones ambientales dañan a una estructura de concreto reforzado o metálica, debido a la interacción que tienen los metales con los parámetros meteorológicos que prevalecen en el ambiente, aunado a los contaminantes como cloruros o sulfatos procedentes del mar o de las industrias (Del Ángel, Frías, Batista, Córdoba & Rodríguez, 2007).

La gravedad del fenómeno en los metales utilizados como elementos estructurales se debe a que, con el paso del tiempo, y los contaminantes presentes en el medio ambiente (cloruros, sulfatos y bióxido de carbono) atacará el metal estructural o modificará al concreto, propiciando la corrosión metálica de tal forma que el elemento estructural quede inhabilitado, y facilitando que a largo plazo se produzca el colapso de toda la estructura (Sidney, 1992).

Por ello cuando los parámetros ambientales afectan las estructuras, existe la opción de utilizar productos denominados "inhibidores de la corrosión", que son sustancias que reducen de manera significativa la velocidad del proceso de corrosión (Gómez de León & Alcaraz, 2004). La utilización de estos depende del metal a proteger, del medio al que estará expuesto, de su disponibilidad y costo en el mercado (CIMCOOL, 2004).

1.1. Antecedentes

En la constante búsqueda de mejorar la calidad de vida del ser humano, las estructuras de concreto reforzado han ido cambiando paulatinamente, ahora no solo se deben diseñar las estructuras con base a un reglamento, sino que además se busca la conformación de nuevos tipos de concreto reforzado.

Dichas conformaciones no implican modificar la estructura original del concreto, sino que solo proveen un refuerzo adicional al del acero, ya sea con el agregado de fibras cerámicas, poliméricas o metálicas (IMCyC, 2007); o con la inclusión de diversos tipos de aditivos a la mezcla del concreto; aditivos que aceleren el *fraguado*, que mejoren la resistencia a la compresión, que disminuyan la porosidad del concreto y/o que inhiban la corrosión del acero.

Se han utilizado las fibras metálicas en el concreto reforzado, a fin de mejorar su módulo de ruptura, resistencia a la flexión, resistencia a la compresión, resistencia a la corrosión, tenacidad y módulo de elasticidad; habiendo mejoras en la resistencia a la compresión y en la tenacidad (Castañeda, Olague, Almeraya, Gaona & Martínez, 2000).

Uno de los principales agregados en los concretos reforzados son las fibras poliméricas o sintéticas; las cuales reducen las fisuras por asentamiento y por contracción plástica, disminuye la permeabilidad e incrementan la resistencia a la fractura, al impacto y a la abrasión, en comparación con el concreto reforzado simple (NRMCA, 1998). Los agregados poliméricos ofrecen estas ventajas ya que es un material, que dependiendo de su estructura cristalográfica, proporcionará propiedades mecánicas, térmicas, eléctricas, ópticas y fisicoquímicas, superiores al resto de los materiales; ya que cada polímero es sintetizado específicamente para mejorar lo ya existente (Nicholson, 2006).

Se conocen en la actualidad tres formas de utilizar los polímeros en la construcción (Ramírez, 1999):

- Concreto reforzado modificado con polímeros: se logra adicionando la resina en el mezclado del concreto, a fin de disminuir la permeabilidad (Reichhold, 2000).
- Concreto pre-esforzado por fibras sintéticas: incrementan resistencia a la fractura, impacto y abrasión (ICONTEC, 2007).

- Concreto reforzado polimérico: Se logra sustituyendo el cemento por resinas poliméricas: incrementa la resistencia a la fractura, compresión, tensión, disminuye permeabilidad y corrosión (Pérez, 2004).

El concreto polimérico a pesar de mejorar muchas propiedades mecánicas, no ha logrado sustituir el concreto reforzado en virtud de que su modulo de elasticidad es bajo, tiene una fluencia más acusada y susceptibilidad a la temperatura; y al no contar con una hidratación continua sus propiedades mecánicas ya logradas en el fraguado jamás pueden ser mejoradas, como sucede en el concreto reforzado convencional.

Finalmente, la construcción en nuestros días viene exigiendo nuevos materiales que superen las propiedades habituales y las limitaciones existentes. Pues en conjunto con todas las herramientas, materiales y conocimientos actuales podemos conformar un material que logre estos objetivos y vaya aún más lejos, permitiendo que la velocidad de corrosión disminuya y el tiempo de vida de las estructuras de concreto reforzado se prolongue.

El nylon es un polímero utilizado en el ramo de la construcción. Las fibras de este polímero son utilizadas para prevenir la fisura en el concreto en estado fresco o durante la retracción plástica, así como para mejorar sus propiedades a la compresión y a la flexión (ICONTEC, 2007). De igual forma el nylon ha sido utilizado en complementación del acero en forma de barra, que no sustituye al acero, pero si incrementa la resistencia a la tensión, al impacto y a la deformación del elemento estructural (Melancon, 2006).Por otra parte, en su forma líquida sella la porosidad del concreto, evitando la permeabilidad, facilitando el fraguado y disminuyendo la corrosión del acero de refuerzo (Nycote, 2002).

Con base en estas aplicaciones y resultados comprobados se ha utilizado el nylon en dos de sus composiciones: el nylon 6,6 y el nylon 6,12 que presentan similares propiedades, según la Tabla 1 (Islas & Escobar, 1991; Reséndiz & Castrellón, 2005; Parisot, 1964).

Poliamida	**Color**	**Densidad (g/cm^3)**	**Resistencia a la Compresión (Kg/cm^2)**	**Dureza Rockwell**	**Coeficiente fricción**
Nylon 6,6	Traslúcido	1.14	1054.62	R 118	0.45
Nylon 6,12	Traslúcido	1.35	1328.81	R 120	0.46

Tabla 1. Tabla comparativa de propiedades físicas de las poliamidas elegidas

Alternativamente y para propósitos comparativos, se utilizaron partículas de poliestireno expandido EPS (unicel) que es un material plástico espumado, derivado del poliestireno y utilizado en el sector del envase y la construcción. Su cualidad más destacada es su higiene al no constituir sustrato nutritivo para microorganismos. Es decir, no se pudre, no se enmohece ni se descompone. Otras características son su ligereza, resistencia a la humedad y capacidad de absorción de los impactos. Esta última lo convierte en un excelente acondicionador de productos frágiles o delicados.

Otra de las aplicaciones del poliestireno expandido es la de aislante térmico en el sector de la construcción, utilizándose como tal en fachadas, cubiertas, suelos, etc. Se clasifica en cinco tipos de acuerdo con la densidad y conductividad térmica que se obtenga en su fabricación. Estos valores varían entre los 10 y 25 kg/m^3 de densidad y los 0,06 y 0,03 W/m°C de conductividad térmica, aunque solo sirven de referencia, pues dependiendo del fabricante estos valores pueden ser mayores o menores. Sin embargo, tiene como desventaja el hecho de ser fácilmente inflamable y además es atacado por ciertos tipos de disolventes, barnices o pinturas.

1.2. Concreto Polimérico con Agregados

Se ha hecho un estudio comparativo de concreto con agregados poliméricos para determinar su comportamiento mecánico y electroquímico utilizando nylon y unicel. Para mejorar la compatibilidad del polímero con el concreto, se modificó la superficie de dicho agregado al sumergirlo en una solución de poliacrilatos. Para la elaboración de esta solución polimérica, se varió el porcentaje en volumen del poliacrilato comercial, en diferentes proporciones como son 2.5%, 5% y 10% en volumen por cada 10 unidades de agua desionizada. Posteriormente se dejó impregnar durante24 horas, a continuación se extrajo y se dejó secar por completo antes de mezclarse con los demás componentes.

Se optó por agregados de poliestireno expandido por las propiedades que tiene éste polímero, gran ligereza por su alto contenido de aire (98% aire y 2% poliestireno), así como su capacidad de absorber energía causada por golpes y vibraciones, gran aislante térmico, y es resistente a los rayos UV, ya que, aunque lo decolora ligeramente, la exposición a estos rayos no afectan sus propiedades mecánicas. Otra razón por la que se utilizó poliestireno expandido, es porque, aunque es reciclable la mayoría de las personas no lo hace. En México cada año solo el 12% de los desechos de unicel se recicla (SEMARNAT, 2012) y a comparación con los 30% - 60% de los países desarrollados, esta es una pequeña cifra si consideramos que, la Asociación Nacional de Industrias del Plástico (ANIPAC) calcula que hay 3.8 millones de toneladas de basura plástica generada anualmente.

En el ejemplo presentado en este capítulo, para preparar el concreto con agregados poliméricos de nylon y unicel reciclado, lo que varió en la elaboración fue el porcentaje en volumen de la arena en diferentes proporciones como son: 50% arena y 50% polímero, 75% arena y 25% polímero, 85% arena y 15% polímero. Los demás materiales utilizados para la fabricación del concreto, como son el cemento, grava y agua, se mantuvieron igual en las tres proporciones.

2. Discusión

2.1. Muestras de Concreto

De acuerdo a esto se elaboran cilindros de concreto simple para las pruebas de resistencia a la compresión y cilindros de concreto reforzado para las pruebas electroquímicas por inmersión, considerando la norma NMX-C-281, que permite la utilización de moldes de plásticos (PVC) con base de cartón impermeabilizada, con 200 mm de altura y 100 mm de diámetro, y su proceso de curado cumple la norma NMX-C-159-ONNCCE (2004), tal como se muestra en la Figura 1a.

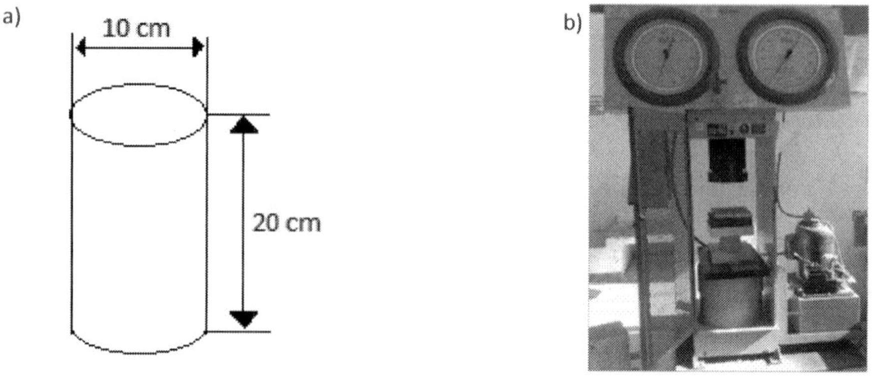

Figura1. Geometría de los cilindros elaborados para las pruebas mecánicas

El concreto se elabora con base en las siguientes dosificaciones de material (Tabla 2): área por cilindro de 0.00785 m^2, acero de refuerzo: varilla corrugada de 1" tipo C1042, volumen por cilindro de 0.00157 m^3.

Material	Para $1m^3$
Cemento Portland (CPP 30R/RS/BRA)	400 kg
Agua limpia	228 l
Arena (pasa Malla No. 4, retenida malla 200)	532 l
Grava (3/4")	760 l
Poliamida (solo utilizado en 10 cilindros)	100 g

Tabla 2. Características del concreto

2.2. Pruebas Mecánicas y de Corrosión

2.2.1. Resistencia a la Compresión

Los cilindros se desmoldan y se sumergen en el tanque de curado por un período total de 28 días como se establece en la norma ASTM C39. Para medir su resistencia a la compresión se utiliza una prensa universal hidráulica, a este proceso se le conoce en la jerga ingenieril como "tronado". Para poder tronarlos es necesario preparar los cilindros; primero deben retirarse del tanque de curado hasta que eliminen la sobresaturación de agua, se miden los diámetros para constatar un posible cambio, posteriormente se cabecean ambas bases con azufre fundido mismo que funcionará como nivelador y amortiguador entre las dos superficies de contacto y finalmente son colocados en la prensa universal. La resistencia a la compresión será medible en el momento en que el cilindro presente la primer fractura o grieta, o en su defecto la prensa se detenga. En la Figura 1b se muestra la prensa hidráulica utilizada para estas pruebas.

Los materiales de desecho, como el poliestireno expandido (EPS) o el nylon 6,6 son candidatos prometedores para ser utilizados como aditivos para el concreto reforzado. Los resultados experimentales basados en la determinación de las propiedades mecánicas y electroquímicas proporcionan un panorama de los posibles efectos benéficos derivados de su aplicación. Se presenta el estudio comparativo en el rendimiento general del comportamiento de concreto armado y su posible aplicación como elemento en la construcción con el valor agregado obtenido de la inclusión de estos materiales reciclados.

En la Figura 2 se pueden observar las diferencias de las muestras de concreto con unicel y con nylon 6, 6, donde se observa que en ambos casos en presencia de los agregados la resistencia a la compresión disminuye, comparada con la muestra sin agregados o "blanco". Sin embargo, en ambos casos la mejor relación fue de 75% arena y 25% para el agregado, resultando que las muestras de nylon 6,6 alcanzan valores de 210 kg/cm^2 siendo éstas las que presentan mejores valores de resistencia a la compresión. El valor del concreto sin agregados alcanza 250 kg/cm^2 que es el valor mínimo recomendado por la norma para estructuras con carga máxima. Sin embargo, a pesar de que los valores de resistencia a la compresión están por debajo de los nominales, el concreto reforzado con agregados poliméricos puede tener aplicaciones en estructuras que no requieran de niveles de carga máxima.

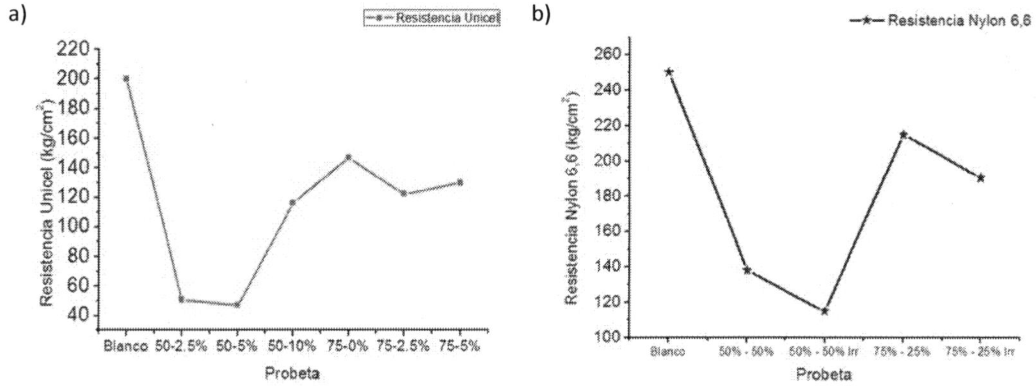

Figura 2. Resistencia a la Compresión de a) concreto reforzado con unicel, b) concreto reforzado con nylon 6,6 irradiado

2.3. Pruebas Electroquímicas

Para evaluar las condiciones termodinámicas y cinéticas de la corrosión de las varillas embebidas en concreto se utilizan pruebas aceleradas de inmersión en un electrólito agresivo, mediante pruebas electroquímicas de potencial de corrosión, resistencia a la polarización y ruido electroquímico. Estas son muy efectivas en la evaluación de la velocidad de corrosión (Meas & Genescá, 2002).

2.3.1. Medición de Potenciales en Varillas de Refuerzo

En la Figura 3a se observan las mediciones de potencial realizadas mediante un voltímetro y con un electrodo de referencia de calomel a cada una de las varillas de cada cilindro, inicialmente se toman las mediciones durante los 28 días de curado, posteriormente se agrega al tanque de curado con una solución de NaCl al 3% para simular un ambiente marino agresivo, de igual forma se realizan mediciones durante 36 días. Para las muestras con unicel los potenciales tienden a hacerse más negativos o activos. En el caso de las muestras con nylon 6,6 los valores se mantienen estables o se hacen más positivos o nobles. Los valores entre -250 mV y -650mV son el intervalo en donde la posibilidad de corrosión es mayor.

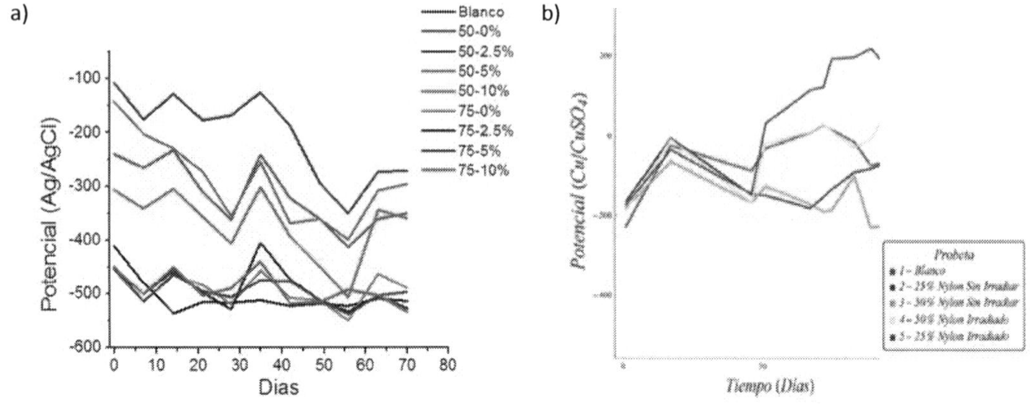

Figura 3. Mediciones de Potencial en Concreto con agregados de a) unicel y b) nylon 6,6

2.4. Resistencia a la Polarización

La Figura 4 presenta valores de resistencia a la polarización, que es inversamente proporcional a la corrosión global de las muestras de varillas de refuerzo. Las muestras con unicel presentan valores estables entre 100 y 1000 ohms-cm^2 con los valores más altos de la muestra 50-2.5%. En el caso de las muestras con nylon 6,6 los valores se ubican entre 50 y 500 ohms.cm^2, observándose los valores mayores para la muestra sin agregados. De acuerdo con estos resultados, las muestras que contienen agregados de unicel tendrían un comportamiento ligeramente superior.

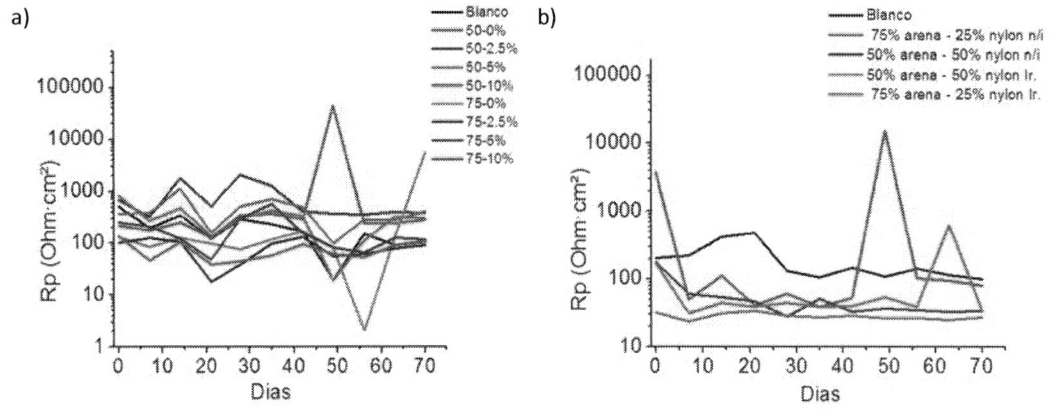

Figura 4. Mediciones de Resistencia a la Polarización en Concreto con agregados de a) unicel y b) nylon 6,6

2.4.1. Ruido Electroquímico

Los resultados anteriores contrastan con los valores de ruido electroquímico que muestran resistencias de ruido entre 1E6 ohm-cm^2 para las muestras con unicel, y un orden de magnitud mayor de 1E7 ohm-cm^{2}para las muestras con nylon 6,6 como se observa en la Figura 5. Esto de manera inversa al caso anterior, debido a que el ruido electroquímico magnifica la corrosión localizada. Esto significa que las muestras con agregados de nylon 6,6 sufren de un ataque más localizado debido a rompimientos de la capa de óxido pasivante, formado por encima del pH 12. La Figura 6 muestra un comparativo de ambas técnicas.

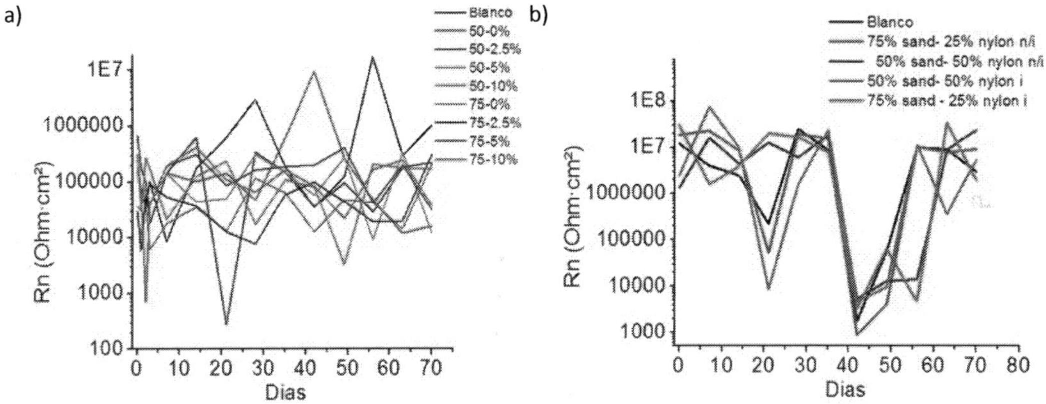

Figura 5. Mediciones de Ruido Electroquímico en Concreto con agregados de a) unicel y b) nylon 6,6

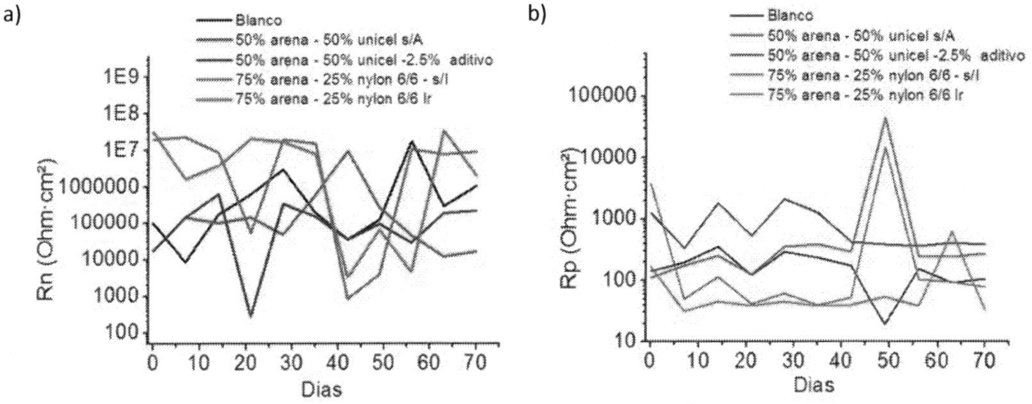

Figura 6. Comparativas de concreto a) Ruido Electroquímico, b) Resistencia a la Polarización

2.4.2. Investigaciones Futuras

Dentro del desarrollo de concretos con agregados es de suma importancia el estudio del efecto de surfactantes para mejorar la compatibilidad del concreto con el uso de polímeros. Sin embargo el uso de materiales reciclados como agregados puede darle valor agregado a este tipo de estructuras.

3. Conclusiones

El uso de agregados poliméricos puede ser ventajoso, aunque existen problemas por resolver para alcanzar las condiciones óptimas de resistencia mecánica y electroquímica. En el caso de la resistencia mecánica, las muestras con agregados de nylon fue superior, y en el caso de las pruebas electroquímicas el comportamiento de las muestras con los dos agregados fue variable.

Agradecimientos

Al CONACyT y al PRODEP por financiar estos estudios.

Referencias

Castañeda, J., Olague, C., Almeraya, F., Gaona, C., & Martínez, A. (2000). Análisis comparativo entre el concreto hidráulico simple y el reforzado con fibras de acero. *Revista Ingeniería de Construcción, 15(1),* 20-27.

Cembrero, C.J. (2005). *Ciencia y Tecnología de Materiales* (pp. 695). México: Ed. Pearson.

CIMCOOL (2004). *Reporte técnico CIMCOOL, Selección de un inhibidor de la corrosión.* Milacron Marketing CO., 1-3.

Del Ángel, M.E., Frías, M.D.M., Batista, R.R., Córdoba, H.S., & Rodríguez, Z.M. (2007). Comportamiento del acero galvanizado en un ambiente marino costero de Tabasco, *Memorias de la Semana de Divulgación y Video Científico* 2007. 303-308.

Gómez de León, F., & Alcaraz, L.D. (2004). *Manual básico de corrosión para ingenieros* (pp. 175). España: Universidad de Murcia servicios de publicaciones.

Gutiérrez de López, L. (2003). *El concreto y otros materiales para la construcción*. Bogotá Colombia: Ed. Centro de Publicaciones Universidad Nacional de Colombia.

ICONTEC (2007). Explorando el concreto reforzado con fibras CRF. *Noticreto, 1(84).*

IMCyC (2007). Concreto reforzado con fibras.- El concreto en la obra, problemas, causas y soluciones. *Instituto Mexicano del Cemento y del Concreto, 1(13).*

Islas, D., & Escobar, A. (1991). *Síntesis, proceso y caracterización de Nylon 6,10*. Proyecto Terminal, UAM Iztapalapa, México.

Meas, Y., & Genescá, J. (2002). *Teoría electroquímica de la corrosión. Técnias electroquímicas para el control y estudio de la corrosión.* México: Ed. UNAM.

Melancon, P. (2006). *Devices, systems and methods for reinforced concrete and/or asphalt cement.* U.S.

Nicholson, J.W. (2006). *The Chemistry of Polymers.* USA: University of Greenwich.

NRMCA (1998). Fibras sintéticas para el concreto. Qué? Por qué? y Cómo? *El concreto en la práctica, 24,* USA.

NMX-C-159-ONNCCE (2004). *Industria de la Construcción, Concreto, Elaboración y curado de especímenes en el laboratorio.* Organismo Nacional de Normalización y Certificación de la Construcción y Edificación, S. A., México.

Nycote (2002). *Nylon líquide protective coatings*. Nycote Laboratories Corporation.

Parisot, A. (1964). *Relación entre la estructura química y las propiedades de las fibras artificiales y sintéticas* (pp. 61-78). UPC Commons Revistes.

Pérez, J. (2004). *Diseño Experimental y Análisis para comprobar la tenacidad de diferentes tipos de concreto*. Tesis Maestría Universidad Iberoamericana. México.

Ramírez, J.L. (1999). La múltiple identidad del concreto, Informes de la Construcción. *IMCyC, 49,* 545.

Reichhold (2000). *Uso de polímeros en concretos*. Fecha último acceso: Agosto 2014. www.proquirsa.com/pdf/introduccion.pdf

Reséndiz, M.C., & Castrellón, J. (2005). *Microscopio de Fuerza Atómica, Encuentro de Investigación en Ingeniería Eléctrica* (pp. 1-6). Zacatecas, México.

SEMARNAT (2012). *Informe de la Situación del Medio Ambiente en México. Compendio de Estadísticas Ambientales Indicadores Clave y de Desempeño Ambiental*. Edición 2012. México. Capitulo 7. p. 317-361. http://app1.semarnat.gob.mx/dgeia/informe_12/pdf/Cap7_residuos.pdf

Schweitzer, P. (1996). *Corrosion Engineering Handbook*. New York USA: Marcel Dekker.

Sidney, H.A. (1992). *Introducción a la Metalurgia Física* (pp. 695). México: McGraw-Hill,

Tejero, E. (1987). *Hormigón armado.* España: Ed. Colegio Oficial de Arquitectos de Aragón.

Valera, J.P. (2005). *Apuntes de Física General.* México:Ed. UNAM.

Capítulo 5

Materiales Reciclados de Llantas Automotrices y la Radiación Gamma en el Mejoramiento del Concreto

Eduardo Sadot Herrera-Sosa[1], Gonzalo Martínez-Barrera[2], Carlos Barrera-Díaz[1], Epifanio Cruz-Zaragoza[3]

[1]Centro Conjunto de Investigación en Química Sustentable, Universidad Autónoma del Estado de México – Universidad Nacional Autónoma de México (UAEM-UNAM), Carretera Toluca-Atlacomulco, km 14.5, Unidad El Rosedal, C.P. 50200, Toluca, Edo. de México, México.

[2]Laboratorio de Investigación y Desarrollo de Materiales Avanzados (LIDMA), Facultad de Química, Universidad Autónoma del Estado de México, Km.12 de la carretera Toluca-Atlacomulco, San Cayetano 50200, México.

[3]Unidad de Irradiación y Seguridad Radiológica, Instituto de Ciencias Nucleares, Universidad Nacional Autónoma de México, A.P. 70-543, 04510, D.F. México.

sadoths@yahoo.com.mx, gonzomartinez02@yahoo.com.mx, cbd0044@yahoo.com, ecruz@nucleares.unam.mx

Doi: http://dx.doi.org/10.3926/oms.245

Referenciar este capítulo

Herrera-Sosa, E.S., Martínez-Barrera, G., Barrera-Díaz, C., & Cruz-Zaragoza, E. (2015). Materiales reciclados de llantas automotrices y la radiación gamma en el mejoramiento del concreto. En Martínez Barrera, G., Hernández Zaragoza, J.B., López Lara, T., & Menchaca Campos, C. (Eds.). *Materiales Sustentables y Reciclados en la Construcción*. Barcelona, España: OmniaScience. pp. 73-93.

1. Introducción

El reciclaje de llantas es un serio problema para el ambiente, se estima que en México de los 30 millones de llantas que se desechan, solo el 10% se recicla. Los tiraderos de llantas no solo son antiestéticos y sitios de riesgo de incendios, sino que además representan un riesgo a la salud como criaderos de fauna nociva como ratas, cucarachas, moscas y mosquitos, que pueden propagar enfermedades. Algunos incendios de estos tiraderos pueden durar meses y hasta años (Taha, El-Dieb & Nehdi, 2008; Dhir, Limbachiya & Paine, 2001) por lo cual el desecho de llantas en rellenos sanitarios es a menudo prohibido. En consecuencia se ha incrementado el número de tiraderos ilegales con los consecuentes problemas ambientales y de salud, ya que en caso de producirse incendios se contamina el aire, lo vuelve tóxico, contamina los mantos friáticos del subsuelo; además estos sitios se convierten en criaderos de fauna nociva (roedores, cucarachas, víboras, arañas, alacranes, mosquitos, etc.), portadores de enfermedades o que representan un peligro a los seres humanos, así mismo contribuyen al deterioro de la imagen urbana.

Probablemente el método más utilizado de reciclaje de llantas es el reúso de estas después del destalonamiento (remoción de los alambres de acero). Son grandes las limitantes en torno a la reutilización de las llantas (Brown, Cumming, Morzek & Terrebonno, 2011; Briodsky, 2001). El método más común de desechar las llantas de desecho es quemarlas para la producción de vapor, electricidad o calor. El uso de llantas como combustible alterno en hornos de cemento es generalizado en todo Estados Unidos y Europa (Davies & Worthinton, 2001). Pero el costo como combustible es considerablemente menor que el material original, lo cual constituye un buen ejemplo dedown-cycling, que es el proceso por el cual al recuperar un material para su reutilización, se hace en un producto de menor valor o se compromete la integridad del material a través del proceso de recuperación, lo que significa que no puede ser utilizado en la fabricación del producto original. Otro uso para la reutilización de llantas es en mezclas bituminosas en calienteo como polvo de llanta para la modificación de aglutinantes en los pavimentos de asfalto (Nelson & Hossain, 2001; Amirkhanian, 2001; Navarro, Partal, Martinez-Boza & Gallegos, 2005).

Actualmente la industria del renovado ha tenido avances significativos en el proceso de reciclaje de llantas, logrando la separación de los tres componentes básicos: fibra textil, acero y elastómero. Estos dos últimos tienen diversas aplicaciones en la industria de la construcción como en pavimentos, carreteras y estructuras. En general, son agregados al concreto para modificar sus propiedades.

El concreto es uno de los materiales más importantes dentro de la industria de la construcción, esto se debe no solo a su costo sino a las propiedades que presenta como su fácil colocación antes del fraguado, su resistencia al intemperismo, su durabilidad y resistencia. Debido a esto su uso es muy popular alrededor del mundo, sin embargo su empleo tiene un gran impacto en el medio ambiente, en primer lugar, se requieren de una gran cantidad de recursos naturales para su fabricación (arena, grava y agua), además la producción del Cemento Portland genera dióxido de carbono que es liberado a la atmósfera, se estima que la industria cementera es la responsable de la emisión de una tonelada de CO2al año a nivel mundial (Malhotra, 2000).

En aras de reducir el impacto ecológico que esto conlleva, se han hecho esfuerzos por disminuir el consumo de recursos naturales no renovables en la fabricación del concreto. Una opción viable para la solución al problema causado por llantas de desecho es el reúso del elastómero de llanta en el concreto como sustituto del agregado fino o grueso, procurando la calidad del producto y de ser posible buscar el incremento de las propiedades deseables como la resistencia, el módulo de elasticidad y la durabilidad.

2. Llantas Automotrices

En épocas prehispánicas, los pobladores de América central y del Sur utilizaban látex líquido que brotaba del árbol, el cual secaban y hervían en agua hasta formar una masa blanda y gomosa con la que hacían pelotas. Esta goma era dura, elástica y podía cortarse, mientras estuviera seca; pero no podía ser extendida sobre objetos.

Durante el siglo XVIII se encontró que era mejor usar el látex natural, ya que se podía extender con facilidad y al secarse dejaba una capa de goma pura, fuerte, flexible e impermeable. Tiempo después, se descubrió que un compuesto de hidrocarburos podía disolver la goma solidificada, laque al regresar a su estado sólido, podía ser amasada y machacada más fácilmente que la original. Fue en el siglo XIX cuando se descubrió que al mezclar la goma con azufre y ser calentada, esta endurecía y tomaba la calidad del cuero, sin disolverse con tanta fácilmente con petróleo ni con otras soluciones, además de ser resistente al calor,a dicho proceso se le llamó vulcanización.

La fabricación de llantas automotrices se divide en tres etapas: a) En la primera, se elabora un modelo por computadora, que contiene el talón, el cinturón y la carcasa de la llanta. Posteriormente, se determina el proceso de fabricación, los materiales y las cantidades a emplear; b) Durante la segunda etapa, se elige la mezcla y el dibujo de la banda de rodadura, para fabricar llantas con cortes a mano. Los cuales son examinados en laboratorio y sometidos a pruebas de resistencia mecánica, térmica (desde -40°C hasta 50°C) y química; c) La tercera etapa es la fabricación en serie y consta de tres partes.

Primera etapa: denominada mezcla de gomas (Tabla 1), en esta el hule se mezcla con emulgentes y el negro de humo, para llevar a cabo la polimerización. El negro de humo es fabricado a partir de aceite y gas quemado. El aceite ayuda en la adherencia y hace que la mezcla sea blanda. En la fase de vulcanización, el azufre procura que las cadenas de moléculas de hule formen redes, para después obtener goma elástica.

Sustancias	**%**
Hule	48
Negro de humo	25
Aceite	12
Productos Químicos	4
Azufre	1
Otros	10

Tabla 1. Porcentaje de sustancias en la mezcla de goma

Segunda etapa: mediante el uso de acero y fibras sintéticas,se obtiene la carcasa, los núcleos de talón y las capas del cinturón radial. En el caso de la carcasa se cablean las fibras textiles artificiales, normalmente de rayón y se transforma en un cordón que junto con el acero se colocan a cierto ángulo. Posteriormente se recubren los cables con hule, se añade el cinturón de acero y más tarde se coloca la banda continua.

Tercera etapa: denominada de vulcanización, en la cual la llanta obtiene su aspecto definitivo; consiste en aplicar una temperatura entre 150 y 170°C a alta presión, haciendo que las cadenas de hule sean reticuladas. Finalmente, la llanta en bruto se prensa en moldes, aplicando presión de vapor o gas inerte (nitrógeno) de 12 hasta 24 atmósferas, para poder grabar el dibujo de la llanta durante un tiempo de 10 a 12 minutos.

Los diferentes tipos de llantas se diferencian por el porcentaje de los elementos químicos y los materiales que las constituyen (Tablas 2 y 3).

Elemento	**%**
Carbono, C	70
Fierro, Fe	15
Hidrógeno, H	7
Dióxido de Silicio, SiO_2	5
Óxido de Zinc, ZnO	2
Azufre, S	1-3
Cloro, Cl	0.2-0.6
	(ppm)
Plomo, Pb	60-760
Níquel, Ni	77
Cadmio, Cd	5-10
Cromo, Cr	9-7
Talio, Tl	0.2-0.3

Tabla 2. Composición química de la llanta

Tipo de llanta	**Hule estireno-butadieno (SBR) (%)**	**Hule Natural (NR) (%)**	**Alambres de acero "armónico" (%)**	**Fibras textiles (%)**
Automóvil	70	-	15	15
Camiones de transporte	-	70	29	1
Maquinaria para excavación	70	-	15	15
Maquinaria agrícola	-	70	5	25

Tabla 3. Materiales que componen los diferentes tipos de llantas

Los copolímeros estireno-butadieno (S-B) son los hules sintéticos que han sustituido prácticamente en su totalidad al hule natural, su composición más común es de 25% de estireno y 75% de butadieno; sus aplicaciones incluyen en orden de importancia: Llantas, espumas, empaques, suelas para zapatos y mangueras.

2.1. Proceso de Reciclaje de Llantas

Mientras países europeos como Alemania, Francia, Austria reciclan hasta el 60% de sus llantas usadas, en México prácticamente no existe tal reciclado, debido a la escasa conciencia ambiental y a un inexistente sistema de control. De los aproximadamente 30 millones de llantas que se desechan anualmente en México, el 91% terminan en lotes baldíos, ríos y carreteras (Figura 1). Varios estudios han demostrado que la quema de llantas libera sustancias de máxima peligrosidad para el ser humano, tales como monóxido de carbono, furanos, tolueno, benceno y óxido de plomo (US Environmental Protection Agency, 1997).

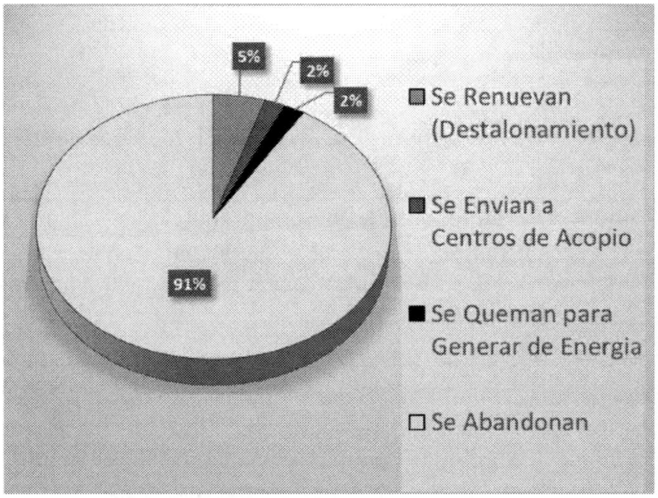

Figura 1. Disposición de llantas de desecho en México (Adaptado de Instituto de Investigaciones en Materiales-UNAM)

El reciclaje, se define como la obtención de materiales a partir de desechos, mediante el empleo de procesos fisicoquímicos o mecánicos, donde se somete un producto ya utilizado, a un tratamiento total o parcial para obtener una **materia prima** diferente o un nuevo producto, introduciéndolo de nuevo en el **ciclo de vida** útil. Las tecnologías para el reciclaje se implementan ante la perspectiva del agotamiento de recursos naturales en un sentido macro económico y para eliminar de forma eficaz los desechos.

El reciclaje se inscribe en la estrategia de tratamiento de residuos de las "Tres R":

- **Reducir**: acciones para disminuir la producción de objetos susceptibles de convertirse en residuos.
- **Reutilizar**: acciones que permiten el volver a usar un producto para darle una segunda vida, con el mismo uso u otro diferente.
- **Reciclar**: el conjunto de operaciones de recogida y tratamiento de residuos que permiten reintroducirlos en un ciclo de vida (Greenpeace, 2011).

Para reciclar los materiales que conforman las llantas, es necesario que estas se sometan a los siguientes procesos:

a) Destalonamiento: es la remoción de los alambres de acero "armónico".

b) Desmetalizado (separación magnética del acero "armónico"): se emplea para remover las partículas ferromagnéticas de los demás materiales. Se remueve el 99% del acero "armónico" por medio de un separador magnético.

c) Trituración: es la reducción volumétrica de la llanta entera a trozos más pequeños; esta operación está compuesta por dos fases: la trituración primaria y la trituración secundaria. En la trituración primaria se logran obtener grandes trozos de llantas de tamaño no uniforme. Mientras que en la trituración secundaria se reducen los trozos en pedazos aún más pequeños, que varían entre 20 mm y 100 mm.

d) Granulación primaria: es la reducción volumétrica de los trozos de llantas en granos, provenientes de las fases de trituración. Se obtienen tamaños menores a 20 mm.

Por motivos de eficiencia, el material no debe entrar en un granulador si primero no ha sido reducido con el triturador a un tamaño de 20 mm. Si el material granulado (granos de tamaño hasta de 20 mm) no contiene material textil, se separan por tamaños en una criba con tres diferentes orificios (Diámetros de 1 a 17 mm).Entre más pequeño e uniforme se logre obtener el grano, mayor será su valor en el mercado.

e) Granulación secundaria: Si el material granulado contiene material textil, será conducido a una sucesiva fase de granulación para separar la tela de la goma, esta fase se llama granulación secundaria o de 'refinación'. Una vez molidos los granos se separan con una criba de tres diferentes tamaños, dependiendo del tamaño de que se requiera obtener y de los tamaños de criba utilizada, estos oscilan entre 0.5 mm y 3 mm (Figura 2).

f) Durante el proceso de granulado se produce una fracción de polvo de tela y de elastómero, así que por motivos vinculados al ambiente, estas pequeñas partículas deben ser aspiradas por medio de un sistema de aspiración de polvos formado por: el ciclón reductor de polvos, electroaspirador, rotoválvulas, filtro de mangas y las respectivas tubaciones.

Al final se logra la separación de las llantas en cuatro componentes: Partículas de 0.5 mm a 3 mm, fibras textiles, polvos y alambre de acero "armónico".

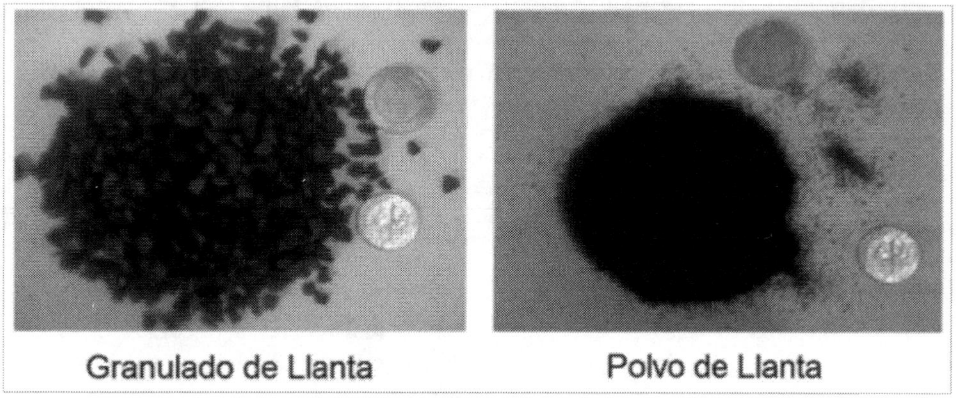

Figura 2. Partículas de llanta

Otra alternativa para el tratamiento de llantas de desecho es la pirólisis, que consiste en la descomposición térmica de las cadenas poliméricas en ausencia de oxígeno; en el caso de las llantas de desecho, primero se lleva a cabo la trituración y posteriormente se introducen las partículas de llanta en hornos con temperaturas entre 600 y 800°C en ausencia de oxígeno, esto con el fin de descomponerlos y obtener productos de menor peso molecular (líquidos, gases y carbón residual). Estos productos pueden ser útiles como combustibles o materias primas para otros procesos (Yang, Kaliaguine & Roy, 1993).

3. Concreto

El concreto es la mezcla de agregados finos y gruesos con una pasta cementante compuesta de cemento Portland y agua, que al fraguar forman una masa monolítica semejante a la roca. La pasta se endurece debido a la reacción química entre el agua y el cemento Portland, generando productos de hidratación.

Los agregados finos son arenas naturales o sintéticas con tamaños máximos de hasta 10 mm y los agregados gruesos son rocas o gravas con tamaños máximos de hasta 152 mm. Ambos agregados constituyen entre el 60 y 75% del volumen total de la mezcla, por lo tanto pueden limitar las propiedades del concreto e influir en su desempeño. Sin embargo, estas propiedades dependen mayormente de la calidad de la pasta formada por el agua y el cemento, así como de la afinidad que tengan con los agregados y su capacidad de trabajar en conjunto.

Una de las mayores propiedades del concreto recién mezclado, es ser plástico, semifluido y poder adquirir prácticamente cualquier forma por medio de moldes. Durante su estado fresco, puede fluir como un líquido viscoso en el que hay muy poco o ningún contacto entre los agregados, característica que prevalece aun en el concreto ya endurecido.

Inmediatamente después del mezclado de los materiales, la reacción química que se genera propicia el paulatino endurecimiento del concreto, lo que incrementa su resistencia con la edad, siempre y cuando se presente una humedad y temperatura favorable para la hidratación del cemento.

Una propiedad física fundamental y tal vez la más importante del concreto en estado endurecido, es su resistencia a la compresión (carga máxima que puede soportar por unidad de área). Este índice es utilizado en el cálculo, diseño y elaboración de las mezclas que se emplearán para fabricar elementos que formarán parte de las estructuras.

Además, la resistencia a compresión puede ser utilizada para estimar la resistencia a otros esfuerzos como la flexión, torsión y cortante, ya que estos guardan una correlación establecida empíricamente para el análisis estructural y que depende directamente de la calidad y características de los componentes del concreto, así como de las condiciones ambientales durante su tiempo de vida.

Dentro de los principales factores que determinan la resistencia se encuentran: la edad del concreto, la relación agua-cemento de la mezcla, el grado de compactación de los agregados en el concreto, la porosidad y el contenido de aire atrapado al momento de fabricar el concreto. Otras variables que intervienen en el cálculo de la resistencia son la relación agregado-cemento, la calidad del agregado (granulometría, textura superficial, forma, resistencia, rigidez y el tamaño nominal).

El cemento Portland es obtenido de la mezcla de materiales calcáreos (piedra caliza o yeso), sílice, alúmina y óxido de hierro. Los principales componentes químicos del cemento Portland son Silicato tricálcico 3CaO-SiO_2(C_3S), Silicato dicálcico 2CaO-SiO_2 (C_2S), Aluminio tricálcico 3CaO-Al_2O_3 (C_3A) y Aluminoferrito 4CaO- Al_2O_3.Fe_2O_3 (C_3S) (Neville & Brooks, 1998).

Los silicatos tricálcico (C_3S) y dicálcico (C_2S) son los causantes de la resistencia de la pasta del cemento, ya que al hidratarse forman silicatos hidratados de calcio (S-H-C) además de constituir aproximadamente el 75% del peso del cemento. El silicato tricálcico (C_3S) aporta la resistencia a corto plazo mientras que el silicato dicálsico (C_2S) aporta la resistencia a mediano y largo plazo. El aluminato tricálcico (C_3A) es el compuesto con mayor rapidez de hidratación pero con menor contribución a la resistencia, excepto en las primeras etapas, ya que propicia una mayor velocidad en el fraguado pero su presencia hace al concreto susceptible al ataque de los sulfatos, debido a la formación de sulfo-aluminatos que genera resquebrajamientos. Aun así, es necesario para propiciar la mezcla de sílice y cal durante la fabricación del clinker. El aluminoferrito tetracálcico (C_4AF) se requiere para la formación de sulfo-ferrita de calcio cuando reacciona con el yeso, su presencia es útil como fundente durante la calcinación del clinker y favorece a la hidratación de los demás componentes.

En la composición química del clinker se presentan los álcalis: óxidos de sodio (Na_2O) y de potasio (K_2O) cuyo contenido debe ser limitado y controlado para evitar la desintegración del concreto. Otros compuestos que representan un porcentaje mucho menor son los óxidos de: magnesio (MgO), manganeso (Mn_2O_3), dipotasio (K_2O), sodio (Na_2O) y el dióxido de titanio (TiO_2), como se muestra en la Tabla 2.

El cemento presenta la composición: CaO (60 – 67%),SiO_2 (17 – 25%), Al_2O_3(3 – 8%), Fe_2O_3(0.5 - 6.0%), MgO (0.1 - 4.0%), Alcalinos (0.2 – 1.3%), SO_3 (1 – 3%) (Neville & Brooks, 1998).

Cemento Portland (Tipo)	Composición química (%)						Perdida por ignición (%)	Residuo insoluble (%)	Composición potencial de los compuestos (%)				Finura Blaine (m^2/kg)
	SiO_2	Al_2O_3	Fe_2O_3	CaO	MgO	SO_3			C_3S	C_2S	C_3A	C_4AF	
I	20.9	5.2	2.3	64.4	2.8	2.9	1.0	0.2	55	19	10	7	370
II	21.7	4.7	6.3	63.6	2.9	2.4	0.8	0.4	51	24	6	11	370
III	21.3	5.1	2.3	64.9	3.0	3.1	0.8	0.2	56	19	10	7	540
IV	24.3	4.3	4.1	62.3	1.8	1.9	0.9	0.2	28	49	4	12	380
V	25.0	3.4	2.8	64.4	1.9	1.6	0.9	0.2	38	43	4	9	380
Blanco	24.5	5.9	0.6	65.0	1.1	1.8	0.9	0.2	33	46	14	2	490

Tabla 4. Composición química y finura de los cementos tipo I, II, III, IV, V y Blanco

Las propiedades físicas más estudiadas en el cemento son: la finura, el tiempo de fraguado, el falso fraguado, el peso específico, y el calor de hidratación. Por medio de difracción de rayos X (XRD) se pueden determinar la composición química de los diferentes tipos de cemento y de la cantidad de los componentes.

Los materiales agregados, gruesos y finos, constituyen entre el 60 y 75% del volumen (o entre el 75 y 85% del peso) total de la mezcla de concreto. Los agregados pueden ser naturales o triturados. Los naturales, como la grava o la arena se excavan de alguna mina o cantera. Mientras que agregados triturados se producen mediante la trituración de rocas de cantera, piedras tipo bola, guijarros o grava de gran tamaño.

Las rocas se clasifican en: ígneas, sedimentarias y metamórficas. Las *rocas ígneas* contienen feldespatos (50%), cuarzo (30 a 40%) y mica (10 a 20%). Mientras que las *rocas sedimentarias* carbonato de calcio y magnesio. Las *rocas metamórficas* se forman por la transformación de las rocas ígneas y sedimentarias bajo la acción de la temperatura y presión.

Los áridos son arenas o gravillas procedentes de rocas naturales o artificiales. Los áridos se clasifican en: áridos rodados, áridos de machaqueo, áridos artificiales y áridos especiales. Los *áridos artificiales* más usados en la construcción son escorias de alto horno con expansión baja, escorias de hulla, las cenizas aglomeradas, restos de tejas y ladrillos, arcillas y esquistos expandidos como la perlita y la vermiculita, las virutas y las fibras. Los *áridos especiales* son áridos pesados como la barita, la magnetita, la limonita, la hematita, el hierro, se utilizan para fabricar concreto para blindaje anti-radiación.

Los agregados deben cumplir con determinados requisitos para que su empleo sea permitido en la fabricación de concreto. Las partículas deben ser durables, limpias, duras, resistentes y libres de productos químicos, arcilla y otros materiales finos que pudieran afectar la hidratación y la adherencia con la pasta de cemento.

Las características de los agregados son: la granulometría; forma y textura de las partículas; masa volumétrica y vacíos; masa específica; resistencia al desgaste y al agrietamiento; resistencia y contracción.

4. Concreto Reforzado con Partículas de Llantas

Las partículas de refuerzo en concreto generan esfuerzos de tensión cuando es sometido a una fuerza aplicada, lo que da lugar a un rápido agrietamiento y falla inmediata. No obstante, estudios reportados en la literatura señalan que las partículas de llanta pueden mejorar las propiedades mecánicas del concreto. Las partículas obtenidas de llantas provienen de procesos de rallado, picado y molido. Se deben tener en cuenta las propiedades de las partículas de llanta, así como las de los componentes del concreto. Las propiedades mecánicas del concreto con partículas de llanta dependen de: a) la concentración de partículas, y b) del tamaño de partícula.

Cuando se incrementa la concentración de partículas de llanta disminuye la resistencia a la compresión y a la tensión, así como la rigidez. La pérdida de resistencia puede ser hasta del 80% ya que las partículas de llanta no sólo actúan como concentradores de esfuerzo, sino que también son responsables degenerar esfuerzos de tensión dentro dela matriz del concreto, que dan lugar aun rápido agrietamiento y falla inmediata (El-Dieb, Abdel-Wahab & Abdel-Hameed, 2001; Eldin & Senouci, 1993).Por otro lado, las partículas de llanta tienen un efecto limitado sobre la propagación de grietas, que conduce a un aumento significativo de la resistencia a tensión, ductilidad y capacidad de absorción de energía (Taha et al., 2008; El-Dieb et al., 2001).

Otra ventaja de las partículas de llanta es la absorción de sonido; más aún se esta trabajando en la capacidad de absorción de energía de las partículas en beneficio de la elasticidad del concreto. Sin embargo, debido a las diferencias del módulo de Young tanto de las partículas como de la matriz de concreto, se tendrían que someter los concretos agrandes deformaciones, lo que causaría disminución progresiva en las propiedades mecánicas.

Por otro lado, existen estudios que indican que un factor importante en la disminución de la resistencia es el tamaño de partícula, en algunos se dice que al agregar partículas más grandes, se presentan resistencias más bajas, en comparación a concretos elaborados con partículas más finas de reciclado de llanta (Khatib & Bayomy, 1999; Topcu, 1995). Sin embargo, otros estudios afirman lo contrario, es decir, que partículas más finas en la mezcla de concreto, propician una menor resistencia mecánica(Ali, Amos & Roberts, 1993; Fattuhi & Clark, 1996).

Un factor preponderante en las propiedades mecánicas es la rugosidad que presentan las partículas en su superficie, de esta depende la adherencia del cemento en el concreto. Partículas de llanta fueron lavada con agua para librarlas de contaminantes,después fueron sumergidas en ácidos y agentes Naikcon el fin de incrementar la textura superficial,posteriormente fueron añadidas a la mezcla de concreto; los resultados muestran ligera disminución de la resistencia mecánica, respecto a los concretos normales (Eldin & Senouci, 1993; Rostami, Lepore, Silverstraim & Zundi, 2000).

En un estudio realizado por los autores sobre concreto reforzado con partículas de llantas recicladas; se sustituyó parte del agregado fino (arena) por partículas de llanta, las cuales fueron añadidas en diferentes concentraciones (10%, 20% y 30%) y tamaños (2.8 mm y 0.85 mm). Los resultados muestran que a ciertos tamaños y a determinadas concentraciones de partícula, existe una ligera disminución de la resistencia a la compresión, pero un aumento en la resistencia a tensión y en la absorción de sonido; esto confiere al concreto características deseables para usos en la industria de la construcción, como pisos industriales o bases para maquinarias sujetas a vibración constante (Herrera-Sosa, 2014). A continuación se presentan los resultados.

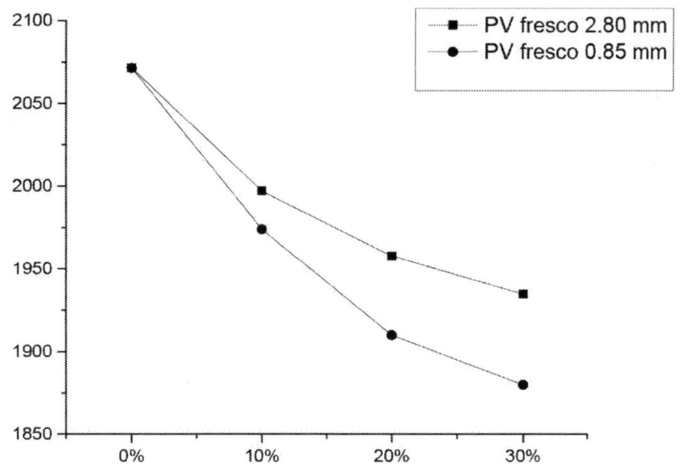

Figura 3. Peso volumétrico de concretos con partículas de llanta reciclada (kg/m^3)

En la Figura 3, se muestran los resultados de peso volumétrico de los concretos. Se puede observar que a medida que aumenta el porcentaje de llanta reciclada (en sustitución de la arena), el peso volumétrico del concreto disminuye, lo cual se debe a que las partículas ocupan un mayor volumen por unidad de peso. Además, los concretos elaborados con un tamaño mayor de partícula tienen mayores pesos volumétricos que los elaborados con menor tamaño.

La resistencia a compresión, que es uno de los parámetros más importantes a medir en el concreto, disminuye al aumentar el porcentaje de llanta; y es menor para concretos con menor tamaño de partícula, como se aprecia en la Figura 4.

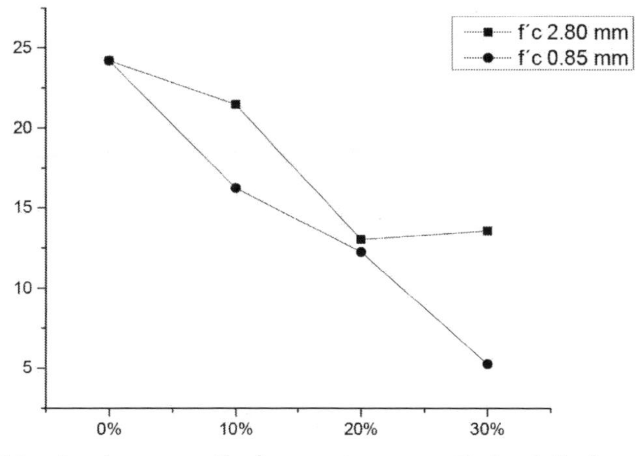

Figura 4. Resistencia a la compresión de concretos con partículas de llanta reciclada (MPa)

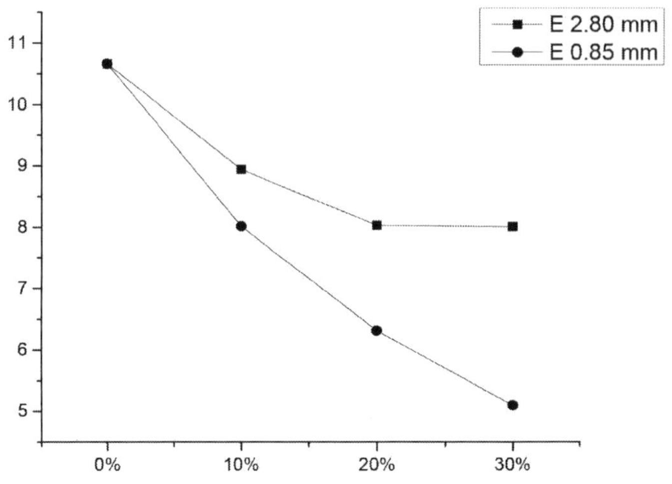

Figura 5. Módulo de elasticidad de concretos con partículas de llanta reciclada (Gpa)

La disminución de la resistencia se debe a la diferencia entre el módulo de Young entre los dos materiales (concreto y partículas de llanta) lo que genera concentradores de esfuerzos y propicia la pronta falla; esto se puede apreciar también en la disminución del módulo elástico del concreto a medida que aumenta el porcentaje de reciclado de llanta (Figura 5).

Los resultados de las pruebas a flexión muestran valores casi constantes hasta concentraciones del 20% de partículas de llanta reciclada, pero disminución de los mismos para un contenido del 30% (Figura 6).

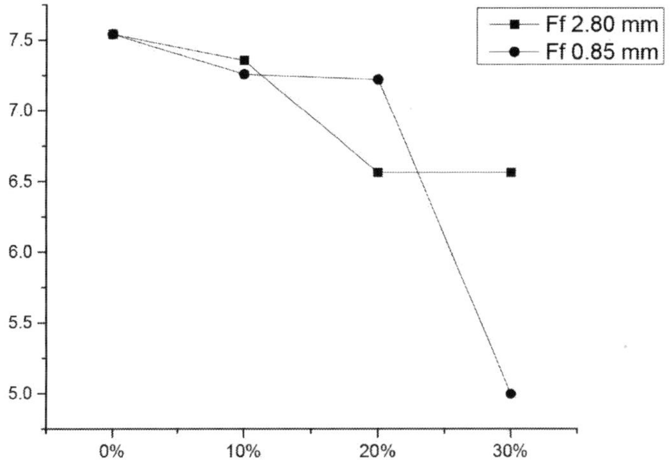

Figura 6. Resistencia a la flexión de concretos con partículas de llanta reciclada (MPa)

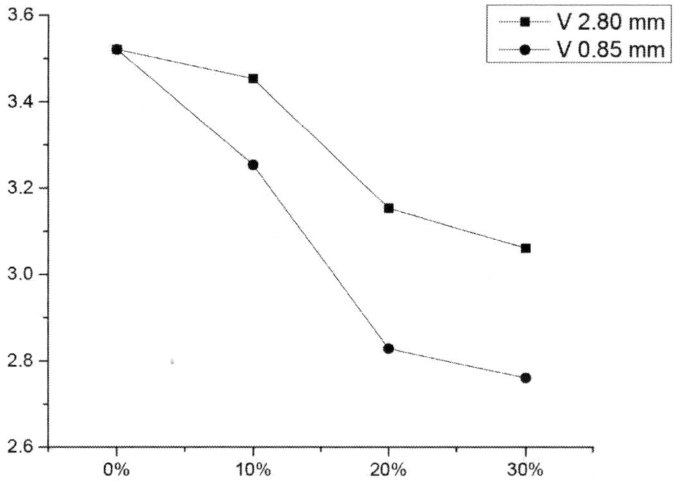

Figura 7. Velocidad de Pulso de concretos con partículas de llanta reciclada (Km/s)

Las pruebas de velocidad de pulso siguen la misma tendencia: los valores disminuyen al aumentar la cantidad de reciclado de llanta (Figura 7). Esto indica que a medida que aumenta la concentración de partículas de llanta, estas absorben más la energía de las ondas sonoras, lo que se traduciría en absorción de energía como vibraciones.

5. Radiación Gamma

La radiación gamma (γ) es un tipo de radiación electromagnética de alta energía formada por fotones y producida generalmente por elementos radioactivos o procesos subatómicos como la aniquilación de un par positrón-electrón. Este tipo de radiación ionizante de tal magnitud, es capaz de penetrar en la materia más profundamente que la radiación alfa o beta (Reichmanis, O'Donell & Hill, 1993).

Cuando se somete un material polimérico a radiación ionizante, se producen efectos físicos y químicos que están en función de la naturaleza de los polímeros,así como de la dosis de la radiación. La ventaja de trabajar con este tipo de macromoléculas, es la gran sensibilidad a cambios en los enlaces químicos, obteniéndose propiedades diferentes en cuanto a cristalinidad, densidad, coeficiente de expansión térmica, módulo de elasticidad, permeabilidad, así como en la resistencia a la corrosión, a la abrasión y a disolventes.

La fuerza total de atracción entre las moléculas de un polímero depende del número de las interacciones. Como máximo, sería igual a la energía de enlace multiplicada por el número de átomos de carbono (C) en el caso del polietileno o por el número de carbonilos (C = O) en los poliésteres, etc. Rara vez se alcanza este valor máximo ya que las cadenas, por lo general, no pueden acomodarse con la perfección requerida.

Las fuerzas de atracción intermoleculares dependen de la composición química del polímero y pueden ser de varias clases: a) Fuerzas de Van der Waals, son de dispersión y están asociadas a las moléculas de muy baja polaridad; en general se forman dipolos no permanentes, que producen atracciones electrostáticas muy débiles en las moléculas de tamaño normal, pero en los polímeros las fuerzas de atracción se multiplican y llegan a ser enormes (2,4 Kcal/mol); b) fuerzas de Atracción dipolo-dipolo, son más energéticas, a ellas se debe la gran resistencia en tensión de las fibras de los poliésteres (3 a 5 Kcal/mol); c) enlaces de Hidrógeno, estas interacciones son tan fuertes, que fibras de poliamidas (nylon) tiene resistencia a la tensión mayor que la de una fibra de acero de igual masa (5 a 12 Kcal/mol); d) Ionómeros, son atracciones de tipo iónico, son las más intensas (>100 Kcal/mol).

La variación en la composición química y en la estructura molecular de los polímeros es el resultado de la presencia de grupos finales, ramas, variaciones en la orientación de unidades monoméricas y la irregularidad en el orden en el que se suceden los diferentes tipos de esas unidades.

Con la radiación gamma es posible modificar la estructura química de las partículas o fibras poliméricas a través de tres procesos: escisión o rompimiento de cadenas (*scission)*, entrecruzamiento (*cross-linking*) e injerto (*grafting*). Estos mecanismos contribuyen, en mayor o menor medida, a modificar el comportamiento mecánico de los polímeros. La influencia de cada proceso depende de la cantidad de energía absorbida por unidad de masa (dosis), de la concentración, de la dispersión, de la atmósfera (inerte o aire) y la temperatura a la cual se realiza la irradiación, así como del post-tratamiento (Martínez, Benavides & Carrasco, 2010).

Los efectos de la irradiación gamma en polímeros suelen evaluarse a través de los cambios en la estructura química (con el análisis de la distribución de pesos moleculares) y en el comportamiento mecánico. Estos cambios que son debidos a la formación de enlaces, rotura de cadenas, desprendimiento de radicales que integran las unidades monoméricas y la oxidación entre otros, permiten incrementar el grado de polimerización o el reticulado de la estructura ya que generan una reordenación geométrica de la estructura del polímero (Povolo, Hermida & Gómez, 2000).

La radiación gamma modifica la estructura polimérica a través de la formación de una variedad de grupos funcionales como carbonilos, carboxilos, ésteres e hidroxilos, induciendo frecuente y simultáneamente, tanto la ruptura de las cadenas hidrocarbonadas como su entrecruzamiento, lo que se traduce en cambios en la resistencia mecánica, transparencia, capacidad aislante y repelencia al agua, por ejemplo. Un efecto importante promovido por la radiación, es la variación en la masa molecular, la cual proporciona información sobre la fase cristalina del polímero (Buttafava, Consolati, Mariani, Quasso & Ravasio, 2005).

Los elastómeros son muy susceptibles a la acción de la radiación, la mayoría de ellos se entrecruzan. En términos generales, los elastómeros pueden sufrir grandes deformaciones sin ruptura, y volver a su estado original cuando se suprime la fuerza aplicada. Este comportamiento elástico es una consecuencia del estado desordenado de las cadenas poliméricas. El entrecruzamiento en los elastómeros no es tan denso como en los polímeros termoestables y presentan una elevada movilidad de cadenas por encima de su temperatura vítrea (Tg). A bajas temperaturas el comportamiento elástico no se produce y en vez de tener un material tenaz, flexible y altamente deformable, se tiene un material rígido, quebradizo y fácil de fracturar (estado vítreo).

Los elastómeros disminuyen los valores en sus propiedades elásticas a dosis del orden de 10,000 kGy. Este efecto es más pronunciado si la radiación de lleva a cabo en presencia de oxígeno, dado que la mayoría de los elastómeros son muy sensitivos al "envejecimiento oxidativo". Los agentes protectores más eficientes son los antioxidantes, los cuales previenen la degradación oxidativa a través de su interacción con los radicales libres producto de las reacciones del polímero ante la radiación, no permitiendo que estos se oxiden al reaccionar con el oxígeno (Chapiro, 1962).

La vulcanización del caucho mediante radiación en forma húmeda presenta algunos beneficios en comparación con vulcanización química convencional (Makuuchi, Yoshi, Ishigaki, Tsushima, Mogi & Saito, 1990); el proceso es más controlado, preciso, rápido, versátil, consume menos energía; el curado es a temperatura ambiente, se puede controlar y presenta una reticulación uniforme y no genera residuos. Este proceso en forma seca, tiene la ventaja de tener mayor estabilidad, menor degradación y mejores propiedades mecánicas (Chaudhari, Bhardwaj, Patil, Dubey, Kumar & Sabharwal, 2005).

La vulcanización de caucho natural por medio de la radiación ha sido estudiada en su forma pura, así como en presencia de aditivos (Haque, Dafader, Akhtar & Ahmad, 1996; Jayasuriya, Makuuchi & Yoshi, 2001; Sabharwal, Das, Chaudhari, Bhardwaj & Majali, 1998), que han permitido una mejor comprensión de los efectos durante la irradiación y los efectos del secado de las partículas curadas post-irradiación (Qiao, Wei, Zhang, Zhang, Gao, Zhang et al., 2002).

Se han reportado los efectos de la radiación en cauchos sintéticos de polibutadieno, ampliamente utilizado en diversas aplicaciones (Perera, Albano, Gonzalez, Silva & Ichazo, 2004). Así como en el polibutadieno y sus mezclas (Marcilla, Garcia-Quesada, Hernandez, Ruiz-Femenia & Perez, 2005; Peng, Wang, Qiao & Wei, 2005).

Algunos de los efectos que se han podido observar, en cuanto a las propiedades mecánicas del elastómero, son la disminución de la resistencia a la tracción y de la deformación, pero aumento del módulo elástico, con el aumento de la dosis. Después del proceso de radiación, las partículas del elastómero se funden juntas en una película transparente debido a un proceso de evaporación del medio de emulsión; la interacción entre las partículas determina la resistencia a la tracción y el aumento de la resistencia a la rotura de la película esto es debido al aumento de la densidad de la retícula al aumentar la dosis (Liu, Huang, Hou Deyu & Zhang, 2007).

En estudios de mezclas de estireno y butadieno irradiados con una fuente de ^{60}cobalto se observa que la dureza de las muestras aumentaba con la dosis. La densidad de reticulación del polímero aumenta ligeramente, pero la del aromático disminuye ligeramente (Traeger & Castonguay, 1966). En otro estudio se reporta la obtención de polibutadieno mediante la polimerización inducida por radiación gamma de butadieno en etanol, a temperatura entre 15 y 45°C; se observa que la velocidad de polimerización aumenta al agregar peróxido de hidrógeno como iniciador (Zhang, Zhang & Ying, 1991).

6. Uso de la Radiación Gamma en el Mejoramiento del Concreto

En el concreto, una alternativa que ha probado ser eficiente para aumentar los valores de resistencia, es el uso de la radiación gamma a través de dos métodos:

- Modificación de las propiedades estructurales de los refuerzos y su posterior incorporación a las mezclas de concreto.
- Irradiación directa del concreto con los refuerzos incluidos.

Después de la irradiación, los cambios estructurales de los refuerzos se relacionan con las propiedades mecánicas del concreto, incluidas la resistencia a tensión, a la compresión, al impacto, así como las deformaciones en el punto de cedencia y a la ruptura.

Son pocas las investigaciones encaminadas a evaluar el efecto de la radiación gamma en concretos.En uno de los trabajos se llevó a cabo la modificación estructural de fibras de nylon 6 mediante la aplicación de radiación gamma a dosis de 5, 10, 50, y 100 kGy; las cuales posteriormente fueron incorporadas en las mezclas de concreto. Los resultados muestran que los valores más altos de resistencia a la compresión se lograron con fibras irradiadas a 50 kGy y añadidas al 2% en volumen en el concreto; el mayor valor fue de 122.2 MPa, mientras que el concreto sin fibras irradiadas tuvo un valor de 35 Mpa (Martínez-Barrera, Vigueras-Santiago, Hernández-López, Menchaca-Campos & Brostow, 2005; Martínez-Barrera, 2009).

Los cambios en los refuerzos pueden ser controlados mediante una dosis apropiada de radiación, por ejemplo se puede lograr una superficie rugosa y agrietada que permita obtener una mayor compatibilidad con la matriz cementante (Martínez-Barrera, 2009). En otro estudio, se analizó el efecto de la radiación gamma en las propiedades mecánicas del concreto utilizado en estructuras para seguridad nuclear. El concreto se expuso a una dosis de 500 kGy de radiación gamma, obteniéndose disminución la porosidad y en las propiedades mecánicas del concreto; atribuida a la formación de calcita ($CaCO_3$) en un medio de CO_2 (Voda´k, Trtík, Sopko, & Kapickova, 2005).

En un estudio realizado sobre concreto reforzado con partículas de llanta reciclada irradiada y sin irradiar, se obtuvieron diversos resultados de las propiedades de: Resistencia a la compresión (f´c), módulo de elasticidad (E), resistencia a la tensión (T), velocidad de pulso ultrasónico (Vp), Resistencia a la flexión (fr) y peso volumétrico (PV) (Herrera-Sosa, 2014).

En las Figuras 8 y 9, se muestran los resultados de concretos irradiados a 200 y 250 KGy, elaborados con partículas de llanta de 0.85 mm y 2.8 mm, en sustitución dela arena a razón de 10, 20 y 30% en peso. También se muestran los concretos con partículas sin irradiar y con los mismos porcentajes de sustitución, con el fin de comparar resultados.

Los concretos con partículas de 0.85 mm presentan mayor disminución en las propiedades mecánicas, que los concretos con partículas de 2.8 mm. No obstante, el peso volumétrico aumenta cuando se incrementa la dosis de radiación. En general, este incremento se debe a que las partículas irradiadas se vuelven más compactas y rígidas.

En la Figura 9, se puede observar aumento de la resistencia a compresión para los concretos elaborados con partículas de llanta de 2.8 mm e irradiados a 250 KGy, que no solo son mayores a sus equivalentes sin irradiar y los irradiados a 200 KGy, sino que incluso, los elaborados con el 10% de este material, son mayores a los resultados obtenidos con los concretos testigo. A 250 kGy se mejora la resistencia a la flexión y el módulo de elasticidad con respecto a los concretos elaborados con partículas de llanta irradiados a menor dosis, pero estos no exceden el valor de los concretos testigos.

Estos resultados abren la posibilidad de investigaciones con grandes beneficios, por un lado el reúso de llantas recicladas en concretos y por otro el mejoramiento de las propiedades del mismo. Se desea asegurar el beneficio económico en el contexto del desarrollo sostenible, que implica resolver el problema de la contaminación ambiental provocada por las llantas de desecho, para lograr el bienestar de la población mejorando su calidad de vida.

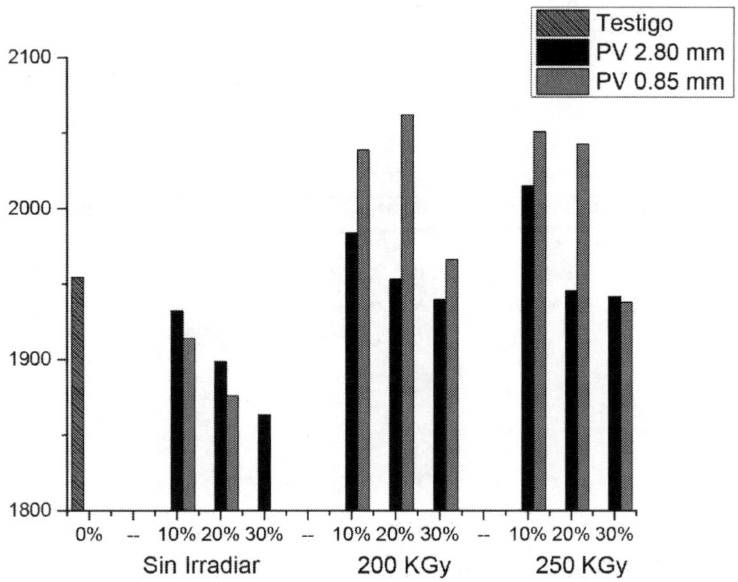

Figura 8. Peso volumétrico de concretos irradiados con partículas de llanta reciclada(kg/m^3)

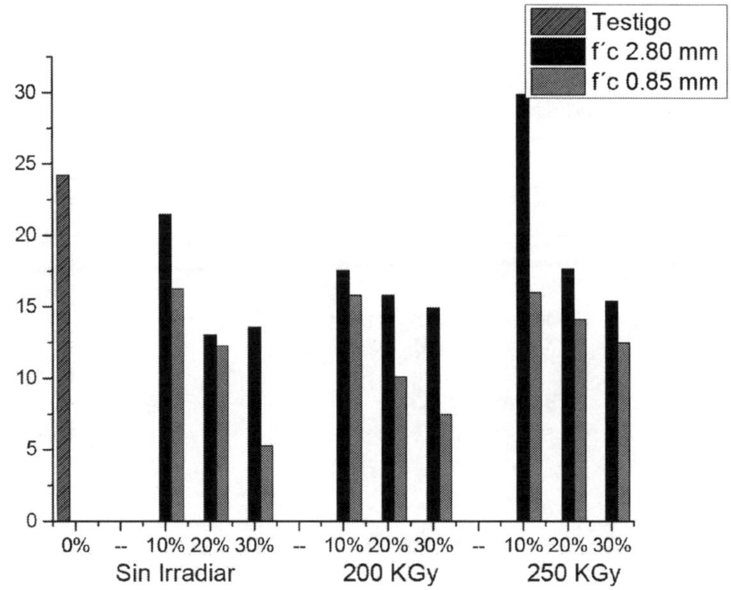

Figura 9. Resistencia a la compresión de concretos irradiados con partículas de llanta reciclada (Mpa)

7. Conclusiones

Grandes esfuerzos se han hecho en materia ambiental para disminuir la contaminación, como la presente investigación, que contempla el uso de llantas de desecho como material de refuerzo del concreto. En general se observa disminución en las propiedades mecánicas de los concretos cuando se añade el reciclado de llanta, algo no deseado para un concreto; sin embargo, el tratamiento a base de rayos Gamma permite mejorar las propiedades dentro de la mezcla, con resultados superiores a los concretos testigos. Esto representa una solución a los inconvenientes de utilizar estos materiales dentro de la industria de la construcción. Finalmente, la combinación del bajo costo del material de desecho y del aumento en las propiedades mecánicas del concreto, hacen de este un producto atractivo con beneficios no solo económicos, sino ambientales.

Agradecimientos

Al Consejo Nacional de Ciencia y Tecnología de México (CONACYT), por la beca otorgada a E.S. Herrera-Sosa para la realización de sus estudios de Doctorado en Ciencias Ambientales en la Universidad Autónoma del Estado de México (UAEM); lo que permitió su colaboración en esta investigación.

Referencias

Ali, N.A., Amos, A.D., & Roberts, M., (1993). Use of ground rubber tires in Portland cement concrete. En: Dhir, R.K. (Ed.). *Proceedings of the International Conference on Concrete 2000,* University of Dundee, Scotland, UK. 379-390.

Amirkhanian, S.N. (2001). *Utilization of Crumb Rubber in Asphaltic Concrete Mixtures - South Carolinas´s Experience.* Research report. South Carolina Department of Transportation.

Briodsky, H. (2001). *The Important Role Retreads Can Play in Reducing the Scrap Tyre Problem. Recycling and Use of Used Tyres.* London: Thomas Telford.

Brown, K.M., Cumming, R., Morzek, J.R., &Terrebonno, P., (2001). Scrap Tire Disposal: Three Principles for Policy of Choice. *Natural Resources Journal, 41 (1),* 9-22.

Buttafava, A., Consolati, G., Mariani, M., Quasso, F., & Ravasio, U. (2005). Effects induced by gamma irradiation of different polyesters studied by viscometry, thermal analysis and positron annihilation spectroscopy. *Polymer Degradation and Stability, 89,* 133-139. http://dx.doi.org/10.1016/j.polymdegradstab.2005.01.009

Chapiro, A. (1962). *Radiation chemistry of polymeric systems.* London: Interscience.

Chaudhari, C.V., Bhardwaj, Y.K., Patil, N.D., Dubey, K.A., Kumar, V., & Sabharwal, S., (2005). Radiation-induced vulcanization of natural rubber latex in presence of styrene-butadiene rubber latex. *Radiat. Phys. Chem., 72,* 613-618.

Davies, R.W., & Worthinton, G.S. (2001). Use of scrap Tyre as a Fuel in the Cement Manufacturing Process. En Dhir R.K. (Ed.). *Recycling and Use of Tyres*. London: Thomas Telford.

Dhir, R.K., Limbachiya, M.C., & Paine K.A. (Ed.) (2001). *Recycling and Use of Tyres.* London: Thomas Telford.

El-Dieb, A.S., Abdel-Wahab, M.M., & Abdel-Hameed, M.E. (2001). Concrete Using Tire Rubber Particles as Aggregate. En Dhir R.K. (Ed.). *Recycling and Use of Tyres,* London: Thomas Telford.

Eldin, N.N., Senouci, A.B. (1993). Tire Rubber Particles as Concrete Aggregate. *Journal of Materials in Civil Engineering, 5(4),* 478-498.

Fattuhi, N.I., & Clark, N.A. (1996). Cement-based materials containing shredded scrap truck tyre rubber. *Journal of Construction and Building Materials 10(4),* 229-236. http://dx.doi.org/10.1016/0950-0618(96)00004-9

Greenpeace International. Las tres R del Reciclaje. http://www.greenpeace.org/international. (Consultado: Marzo 2011).

Haque, M.E., Dafader, N.C., Akhtar, F., & Ahmad, M.U., (1996). Radiation dose required for the vulcanization of natural rubber latex. *Radiat. Phys. Chem., 48(4),* 505-510.

Herrera-Sosa, E.S. (2014). Waste tire particles and gamma radiation as modifiers of the mechanical properties of concrete. *Advances in Materials Science and Engineering,* Article ID 327856, 7 pages. http://dx.doi.org/10.1155/2014/327856

Instituto de Investigaciones en Materiales-UNAM. http://www.iim.unam.mx/ (consultado mayo 2012).

Jayasuriya, M.M., Makuuchi, K., & Yoshi, F. (2001). Radiation vulcanization of natural rubber latex using TMPTMA or PEA. *Euro. Polym. J., 37,* 93-98.

Khatib, Z.K., & Bayomy, F.M. (1999). Rubberized portland cement concrete. *ASCE Journal of Materials in Civil Engineering 11(3),* 206-213.

Liu, Y., Huang, Y., Hou, J., Deyu, G., & Zhang, X. (2007). Vulcanization of polybutadiene latex induced by 60Co γ radiation. *Journal of Radiation Research and Radiation Process, 25,* 350-354.

Makuuchi, K., Yoshi, F., Ishigaki, I., Tsushima, K., Mogi, M., & Saito, T. (1990). Development of rubber gloves by radiation vulcanization. *Radiat. Phys. Chem., 35,* 154-157.

Malhotra, V.M. (2000). *Role of Supplementary Cementing Materials in Reducing Greenhouse Gas Emissions. Concrete Technology for a Sustentable Development in the 21st Century.* London. 226-235.

Marcilla, A., Garcia-Quesada, J.C., Hernandez, J., Ruiz-Femenia, R., & Perez, J.M. (2005). Study of polyethylene crosslinking with polybutadiene as coagent. *Polym. Test., 24(7),* 925-931.

Martínez-Barrera, G., Giraldo, L.F., López, B.L., & Brostow, W. (2008). Effect of gamma radiation on fiber-reinforced polymer concrete. *Polym. Compos., 29,* 1245-1251. http://dx.doi.org/10.3144/expresspolymlett.2009.77

Martínez-Barrera, G. (2009). *Uso de fibras poliméricas en el mejoramiento de las propiedades mecánicas del concreto. Tópicos en Materiales.* México: UAEM. 125-169.

Martínez-Barrera, G., & Brostow, W. (2009). *Fiber-reinforced polymer concrete: Property improvement by gamma irradiation. Gamma radiation effects on polymeric materials and its applications.* Kerala India: Research Signpost. 27-44. ISBN 978-81-308-0293-0.

Martínez-Barrera, G., Vigueras-Santiago, E. Hernández-López, S., Menchaca-Campos, C., & Brostow W. (2005). Mechanical improvement of concrete by irradiated polypropylene fibers. *Polym. Eng. Sci., 21,* 1426-1431. http://dx.doi.org/10.1002/pen.20418

Martínez, M.E., Benavides, C., & Carrasco, H. (2010). Efecto de la radiación ionizante en polímeros. *Contribuciones del Instituto Nacional de Investigaciones Nucleares al avance de la Ciencia y la Tecnología en México*. Edición conmemorativa Cap. 27.

Navarro, F.J., Partal, P., Martinez-Boza, F., & Gallegos, C. (2005). Influence of Crumb Rubber Concentration on the Rheological Behavior of Crumb Rubber Modified Bitumen. *Energy and Fuels, 19,* 1984-1990. http://dx.doi.org/10.1021/ef049699a

Nelson R.G., & Hossain, A.S.M.M. (2001). *An Energetic and Economic Analysis of Using Scrap Tyres for Electricity Generation and Cement Manufacturing. Recycling and Use of Tyres.* London: Thomas Telford.

Neville, A.M., & Brooks, J.J. (Eds.) (1998). *Tecnología del Concreto.* México: Trillas.

Peng, J., Wang, M., Qiao, J., & Wei, G. (2005). Radiation-induced grafting polymerization of MMA onto polybutadiene rubber latex. *Radiat. Phys.Chem., 72,* 739-743.

Perera, R., Albano, C., Gonzalez, J., Silva, P., & Ichazo, M., (2004). Effect of gamma radiation on the properties of polypropylene blends with styrene-butadiene-styrene copolymers. *Polym. Degrad. Stab., 85,* 741-750.

Povolo, F., Hermida, E.B., & Gómez, A. (2000). Tracción de películas de polipropileno-etileno (PEP) irradiado en un reactor experimental. *Trabajo presentado en las Jornadas SAM 2000 - IV Coloquio Latinoamericano de Fractura y Fatiga* (pp. 995-1000). Argentina.

Qiao, J., Wei, G., Zhang, X., Zhang, S., Gao, J., Zhang, W. et al. (2002). US Patent 6, 423, 760, July 23.

Reichmanis, E.F., O'Donell, H.J., & Hill, T.J.D. (1993). Radiation Effects on Polymeric Materials: A brief overview. Irradiation of Polymeric Materials. ACS Symposium Series.

Rostami, H., Lepore, J., Silverstraim, T., & Zundi, I., (2000). Use of recycled rubber tires in concrete. En: Dhir, R.K. (Ed.). *Proceedings of the International Conference on Concrete 2000,* University of Dundee, Scotland, UK. 391–399.

Sabharwal, S., Das, T.N., Chaudhari, C.V., Bhardwaj, Y.K., & Majali, A.B. (1998). Mechanism of n-BA sensitization action in radiation vulcanization of natural rubber latex. *Radiat. Phys. Chem., 51(3),* 309-315.

Taha, M.R., El-Dieb, A.S., & Nehdi, M. (2008). *Recycling Tire Rubber in Cement-Based Material.* Concrete with Recycled Materials, ACI Committee 555.

Topcu, I.B. (1995). The properties of rubberized concrete. *Cement and Concrete Research, 25(2),* 304-310.

Traeger R.K., & Castonguay, T.T. (1966). Effect of γ-radiation on the dynamic mechanical properties of styrene–butadiene rubbers. *Journal of Applied Polymer Science, 10(3),* 491-509.

US Environmental Protection Agency. (1997).*Emisiones al Aire de la Combustión de Llantas Usadas*, EPA-600/R-97-115, U.S.-México Centro de Información sobre Contaminación del Aire / CICA. Fecha último acceso: Julio 2013. http://www.epa.gov/ttn/catc/dir1/tire_esp.pdf

Voda´k, F., Trtík, K.V., Sopko, O., & Kapickova, P. (2005). Effect of γ-irradiation on strength of concrete for nuclear-safety structures. *Cement and Concrete Research, 35,* 1447-1451. http://dx.doi.org/10.1016/j.cemconres.2004.10.016

Yang, J., Kaliaguine, S., & Roy, C. (1993). Improved quantitative determination of elastomers in tire rubber by kinetic simulation of DTG curves. *Rubber Chemistry and Technology, 66,* 213-229.

Zhang, J., Zhang, Z., & Ying, S. (1991). Study of gamma-ray radiation-induced polymerization of butadiene in ethanol. *International Journal of Radiation Applications and Instrumentation. Part C. Radiation Physics and Chemistry, 37(2),* 263-266.
http://dx.doi.org/10.1016/1359-0197(91)90139-S

Capítulo 6

PET de Desecho y su Uso en Concreto

Liliana Ivette Ávila Córdoba[1], Gonzalo Martínez-Barrera[2], Carlos Eduardo Barrera Díaz[3], Fernando Ureña Núñez[4], Alejandro Loza Yáñez[5]

[1]Facultad de Química, Universidad Autónoma del Estado de México, Paseo Colón esq. Paseo Tollocan s/n; Toluca 50180, México.

[2]Laboratorio de Investigación y Desarrollo de Materiales Avanzados (LIDMA), Facultad de Química, Universidad Autónoma del Estado de México, Km.12 de la carretera Toluca-Atlacomulco, San Cayetano 50200, México.

[3]Centro Conjunto de Investigación en Química Sustentable UAEM-UNAM. Universidad Autónoma del Estado de México Campus El Rosedal. Autopista Ixtlahuaca-Atlacomulco, km 14.5, C.P. 50200. Estado de México.

[4]Instituto Nacional de Investigaciones Nucleares, Carretera México-Toluca s/n, C.P. 52750. La Marquesa Ocoyoacac, Estado de México.

[5]Facultad de Ingeniería, Universidad Autónoma del Estado de México, Avenida Universidad S/N, Cerro de Coatepec, Ciudad Universitaria, 50110 Toluca, México.

liac07@gmail.com, gonzomartinez02@yahoo.com.mx, cbd0044@yahoo.com, fernando.urena@inin.gob.mx, jozar108@yahoo.com.mx

Doi: http://dx.doi.org/10.3926/oms.246

Referenciar este capítulo

Ávila Córdoba, L.I., Martínez-Barrera, G., Barrera-Díaz, C.E., Ureña Nuñez, F., & Loza Yáñez, A. (2015). PET de desecho y su uso en concreto. En Martínez Barrera, G., Hernández Zaragoza, J.B., López Lara, T., & Menchaca Campos, C. (Eds.). *Materiales Sustentables y Reciclados en la Construcción*. Barcelona, España: OmniaScience. pp. 95-122.

1. Introducción

El siglo XXI ha conllevado un uso casi ilimitado de los plásticos; los productos elaborados con estos materiales se encuentran presentes en la vida cotidiana formando parte de objetos como muebles, juguetes, piezas de automóvil, bolígrafos, ropa y recipientes para alimentos, solo por mencionar algunos. Sin embargo, con el desarrollo de la industria del plástico, desde hace aproximadamente 50 años, también se ha promovido indiscriminadamente el uso de envases "desechables" para transportar y contener toda clase de artículos, los que después de una muy corta vida útil, se convierten en basura, contribuyendo a deteriorar el entorno, ya que al degradarse (lo que puede suceder en tres meses o hasta en 500 años) entran en las cadenas alimenticias de animales, plantas y del mismo ser humano. Evidentemente lo anterior ha llevado a una crisis ambiental que deriva en un desarrollo poco sustentable que en la actualidad alcanza dimensiones mundiales.

De acuerdo a la Comisión Mundial sobre el Ambiente y Desarrollo, la sustentabilidad se define como: "la capacidad de satisfacer las necesidades presentes sin comprometer la de generaciones futuras". En fecha más reciente, esta definición ha sido precisada por la Organización de las Naciones Unidas como: "el mejoramiento de la calidad de vida humana dentro de los límites de capacidad regenerativa de los ecosistemas terrestres". Estas palabras pueden entenderse y plenamente justificarse, sin embargo están resultando extremadamente difíciles de cumplirse en la compleja sociedad humana del siglo XXI. Toda la evidencia presente indica que se han exagerado las contribuciones de la tecnología y un ejemplo claro de esto es la huella ecológica negativa que desde hace algunos años está ocasionando el aumento en la producción, así como la elevada generación e inadecuada disposición de los envases de politereftalato de etileno (PET por sus siglas en inglés).

El reciclaje del PET tiene tres consecuencias ecológicas principales: la disminución del volumen de residuos (y por lo tanto de la contaminación generada), la preservación de los recursos naturales (ya que el plástico reciclado se reutiliza) y la reducción de costos asociados a la producción de nuevos bienes. El PET ofrece ventajas extraordinarias que facilitan su reciclaje por el hecho de ser un plástico de alto costo de producción entre los de consumo masivo. Lo anterior se debe principalmente al encarecimiento de las materias primas por el aumento en los precios del petróleo. Además, la calidad del PET reciclado puede ser superior al del material virgen, dependiendo del uso al cual sea destinado.

Se han planteado metodologías alternativas, limpias e innovadoras encaminadas a la reducción y reúso de plásticos. El reciclaje de polímeros mediante radiación es actualmente una tecnología en proceso de aceptación desde el punto de vista ecológico y económico, debido a la capacidad de la radiación ionizante para modificar la estructura química y las propiedades físicas de prácticamente cualquier material polimérico. Con la radiación gamma se ha podido: 1) Mejorar las propiedades mecánicas de plásticos utilizados en recubrimiento, a través del entrecruzamiento de moléculas en la superficie; 2) Aumentar la velocidad de descomposición de los polímeros particularmente por rompimiento de las cadenas produciendo polímeros de bajos pesos moleculares, los cuales pueden usarse como aditivos y 3) Producir polímeros avanzados, diseñados específicamente para ser compatibles con el ambiente (Burillo, Clough, Czvikovszky, Guven, Moel, Liu et al., 2002; Tawfik & Eskander, 2006; Ochi, Okubo & Fukui, 2007; Marzouk, Dheilly & Queneudec, 2007; Israngkura & Ungkoon, 2010).

En este capítulo se describen investigaciones sobre el uso de la radiación como tecnología alternativa para la modificación fisicoquímica de PET de desecho y su uso en el concreto, como sustituto de los agregados minerales utilizados, con el fin de mejorar las propiedades mecánicas del mismo. Con esto se promueve la disposición a largo plazo del PET en países en vías de desarrollo.

2. Plásticos Utilizados para el Envasado de Líquidos

El término plástico proviene de la palabra griega "plastikos" que significa "capaz de ser moldeado", la cual se usó originalmente para denotar a todo material que era fácil de modelar, así se tratara de barro, yeso, cerámica o cera. Actualmente, se aplica para describir una amplia variedad de materiales que difieren por sus propiedades físicas, químicas, estructura molecular y composición, los cuales tienen un escaso grado de movilidad y facilidad para adquirir cierta forma.

La investigación de los materiales plásticos comenzó en 1830, pero fue hasta 1907 cuando el químico norteamericano de origen belga Leo Hendrik Baekeland, sintetizó un polímero de gran interés comercial, a partir de moléculas de fenol y formaldehído al que le llamó baquelita (primer plástico totalmente sintético de la historia). Los plásticos se clasifican principalmente en función de su comportamiento cuando se someten a condiciones de elevada temperatura. Lo anterior, constituye la principal subdivisión de este tipo de materiales: si funden y fluyen o por el contrario no lo hacen, se diferencian dos tipos:

a) *Termoplásticos:* aquellos materiales que tienen la capacidad de volverse a fundir después de haber solidificado en un proceso físico reversible; su estructura molecular presenta pocos (o ningún) entrecruzamientos. Cuando los termoplásticos se solidifican, pueden adquirir dos tipos diferentes de estructuras: amorfa y semicristalina; los polímeros amorfos son aquellos cuyas moléculas solidifican en disposiciones aleatorias a diferencia de los polímeros semicristalinos, donde algunas de las moléculas se alinean con las más próximas, para formar regiones que tienen un orden tridimensional. Ejemplos: polietileno, polipropileno, politereftalato de etileno y cloruro de polivinilo.

b) *Termoestables:* Polímeros que solidifican como resultado de una reacción química que provoca que las moléculas se entrecrucen lo que impide los desplazamientos relativos de las mismas, es decir, se descomponen químicamente. Estos materiales no pueden volverse a fundir una vez que han solidificado, como es el caso de las resinas fenol-formaldehído y los poliuretanos entre otros.

Los polímeros de estructura química más sencilla son aquellos formados por un solo tipo de monómero o grupo funcional y se denominan homopolímeros. Cuando en el polímero coexisten dos tipos distintos de unidades monoméricas se les llama copolímeros. Los polímeros que están formados por tres grupos de monómeros se designan como terpolímeros.

Dentro de la gama de materiales plásticos que en la actualidad se utilizan para fabricar botellas se encuentran: el polietileno (PE tanto de alta como de baja densidad, identificados como HDPE y LDPE, respectivamente), politereftalato de etileno (PET por las siglas en inglés para Polyethylene Terephtalate), cloruro de polivinilo (PVC), polipropileno (PP) y poliestireno (PS). Estos materiales se eligen en función de las propiedades y de acuerdo al uso para el cual sea destinado el envase.

La resina de mayor utilización para la fabricación de botellas es el PE por ser económico, translúcido, flexible, resistente al impacto y compatible con muchos productos (incluyendo algunos corrosivos). EL PVC presenta gran transparencia y resistencia química (excepto frente a disolventes) por lo que se usa para fabricar botellas de aceites comestibles y vinagre. También se emplea para champú y productos cosméticos, pero es incompatible con productos calientes ya que se degrada 71.1°C.

A diferencia del PVC, el PP es estable a altas temperaturas por lo que puede ser esterilizado con vapor y encuentra aplicación para productos que requieran protección contra la humedad. El PS es económico y transparente aunque no se emplea frecuentemente para líquidos, si no para productos secos ya que no posee buenas propiedades de barrera. De todos estos, el PET es el plástico más ampliamente utilizado para contener bebidas carbonatadas y agua; cobrando gran importancia dadas sus numerosas aplicaciones.

3. Politereftalato de Etileno (PET)

Descubierto en 1941 por John Rex Whilfield y James Tennant Dickson; aparece en el mercado hasta 1965, cuando Nathaniel Wyeth de la empresa DuPont™, fabrica envases destinados a bebidas carbonatadas. En 1977, Pepsi-Cola™ empieza la comercialización de sus productos en botellas de PET biorientadas, haciendo del PET el material con el más alto crecimiento de la época.

El PET se considera un *termoplástico* de alta calidad que se identifica con el número uno o las siglas PET o PETE, rodeado por tres flechas en el fondo de los envases según el sistema de identificación de la SPI (Sociedad de Industrias de Plástico, por sus siglas en inglés). Químicamente pertenece a la familia de los poliésteres, cuya principal característica es la presencia de enlaces tipo éster (–CO–O–). El PET se constituye por grupos etileno y tereftalato, según se muestra en la Figura 1.

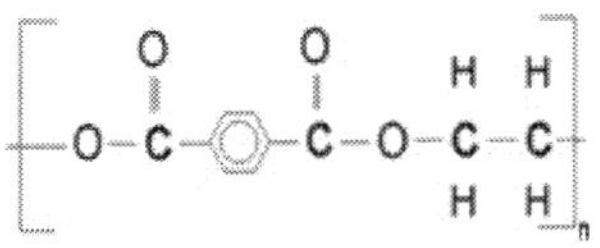

Figura 1. Unidad estructural del PET

A nivel laboratorio, el PET se obtiene mezclando ácido tereftálico y etilenglicol por calentamiento en presencia de un catalizador ácido. También se puede sintetizar a partir del cloruro de tereftaloilo y etilenglicol, siendo la última más sencilla, pero también más costosa y peligrosa. Las siguientes reacciones se muestran en la Figura 2:

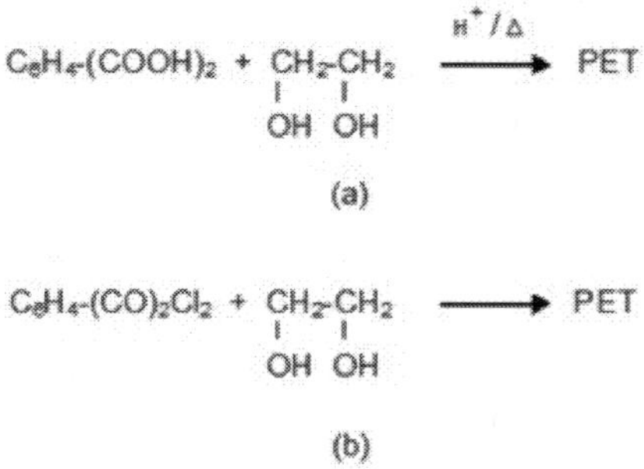

Figura 2. Reacciones para la obtención de PET con etilenglicol;
síntesis a partir de:
(a) Ácido tereftálico y (b) Cloruro de tereftaloilo

A escala industrial, se hace reaccionar el tereftalato de dimetilo con etilenglicol a través de una reacción de transesterificación, obteniendo tereftalato de 2-hidroxietileno y metanol (el cual se evapora). Después el tereftalato de 2-hidroxietileno obtenido, se calienta hasta 270-280°C en condiciones de vacío y reacciona para dar el PET y etilenglicol como subproducto de acuerdo a las Figura 3:

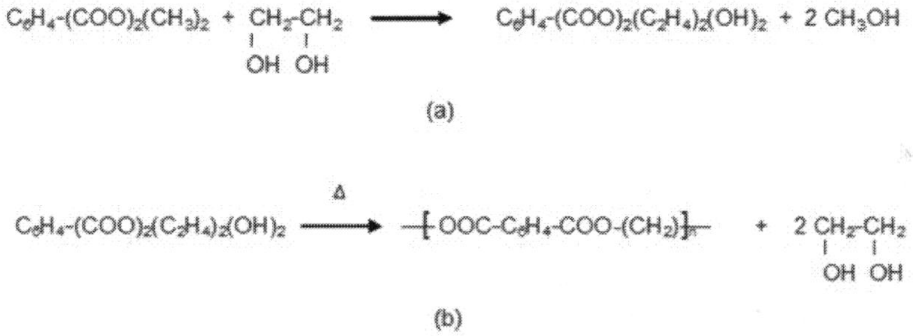

Figura 3. Síntesis industrial del PET mediante tereftalato de dimetilo:
(a) Obtención del tereftalato de 2-hidroxietileno intermediario; (b) Formación del PET

El progreso de la polimerización se sigue por el aumento de la viscosidad. Cuando se alcanza un límite, se detiene la reacción para posteriormente descargar el producto bajo presión de nitrógeno a un enfriador que lo solidifica y posteriormente se tritura.

El tipo de polimerización para producir PET se efectúa principalmente en estado líquido, pero el grado de policondensación es limitado, obteniéndose productos de baja viscosidad (con masas moleculares que oscilan en los 16,000 g/mol y que tienen aplicaciones limitadas). La policondensación en estado sólido, se efectúa cuando es necesario elevar la resistencia mecánica del plástico y facilitar el moldeo, incrementando la masa molecular desde 23,000 g/mol hasta 30,000 g/mol.

3.1. Propiedades del PET

Dada la regularidad estructural que presenta la unidad repetitiva del PET, éste muestra una alta tendencia a cristalizar. La cristalinidad está relacionada con la polaridad de los grupos éster, ya que el átomo de oxígeno del grupo carbonilo (de carga negativa) y el carbono (con carga positiva) se atraen mutuamente, permitiendo que los grupos éster de cadenas vecinas se alineen entre sí en una forma cristalina (C-PET). No obstante, siempre coexiste una parte cristalina y otra amorfa (A-PET), lo que está directamente en función de las condiciones de operación. De acuerdo a lo anterior, este material se puede encontrar en estado amorfo-transparente o semicristalino, con un 30-40% de cristalinidad; sin embargo, la presencia del anillo aromático hace que la cristalinidad alcanzada dependa fuertemente de la velocidad de enfriamiento: si procede de manera brusca, el fundido es un producto final prácticamente amorfo, con elevada transparencia y aceptable tenacidad. Si posteriormente es calentado a temperaturas iguales o superiores a su temperatura de transición vítrea (Tg = 74°C) y en función del tiempo de tratamiento, se induce una cristalinidad desde el estado sólido (cristalización en frío), generando distorsión dimensional, contracción, opacidad e incremento de la rigidez, hecho que limita su temperatura en servicio.

Las propiedades del PET varían en función del grado de cristalinidad, de tal manera que el C-PET es de color blanco opaco con una densidad de 1.38 g/cm^3. Sus propiedades mecánicas incluyen: altos valores de dureza y de resistencia a la abrasión; valores medios de resistencia a la propagación de grietas por tensión y baja resistencia al impacto así como otras propiedades, que incluyen alta capacidad de absorción de agua, elevada impermeabilidad a gases, vapor de agua y aromas y aislamiento eléctrico medio. Su rango de temperatura de uso continuo abarca desde -20°C a 100°C, y hasta 135°C en aire caliente.

El A-PET es transparente con una densidad de 1.33 g/cm^3. Presenta menor rigidez y dureza que el C-PET, pero mejor resistencia al impacto; el rango de temperatura de uso continuo va de -40°C a 60°C, y en ausencia de aire alcanza 100°C. Se cristaliza por encima de los 90°C (con cierta turbidez). Es resistente a hidrocarburos y tiene buenas propiedades de barrera frente a gases no polares como O_2 y CO_2.

El PET es un termoplástico higroscópico que absorbe la humedad con facilidad; el contenido de agua en el polímero promueve la degradación y conlleva a la reducción de la masa molecular, lo que a su vez afecta las propiedades para la aplicación que se desee obtener, por lo tanto, deben favorecerse las condiciones óptimas de secado antes del procesamiento.

En el PET existen atracciones de tipo dipolo-dipolo que favorecen una estructura microscópica de entrecruzamiento tipo ovillo. Un mínimo aporte de calor permite que éstas puedan separarse, confiriendo el llamado estado viscoelástico, de tal manera que se tiene un material transparente y muy impermeable al aire. La combinación de las propiedades de cristalinidad y viscosidad generan diferentes grados de PET; el cual se procesa primero en estado amorfo y después se le da una orientación uniaxial (para fabricar fibras textiles, cinta y lámina) o biaxial (para fabricar envases, películas y tarros); productos que ofrecen una adecuada relación costo-beneficio en lo referente a calidad, ligereza y precios competitivos.

El PET se comercializa en cuatro líneas de producción:

a) PET textil como filamento continuo o fibra cortada, para la fabricación de prendas de vestir, telas tejidas, cuerdas, cinturones de seguridad, hilos de costura, refuerzos de llanta y mangueras. Su alta resistencia química permite fabricar cerdas de brocha y cepillos industriales.

b) PET grado película: para medios magnéticos (películas fotográficas, de rayos X), eléctrico (audio, capacitores, contactos), industrial y artes gráficas (estampado en caliente).

c) PET para envases, que ofrece características favorables en cuanto a resistencia contra agentes químicos, elevada transparencia, ligereza, menores costos de fabricación y comodidad en su manejo.

d) PET para lámina, disponible en grado amorfo, espumado y cristalino. El amorfo provee claridad, alta pureza y resistencia tanto a bajas temperaturas como a hidrocarburos clorados y capacidad de esterilización por óxido de etileno; el espumado presenta resistencia a temperaturas simultáneas de horneado-congelación.

Otros grados de PET y que en la actualidad están cobrando relevancia, son los reciclados (denominados RPET), algunos de los cuales provienen de desperdicios industriales o post-consumo que se regeneran por tratamientos fisicoquímicos. Los RPET se recomiendan para elaborar envases de productos no alimenticios, fibras no tejidas, láminas, fleje y madera plástica o bien para el moldeo de otros productos.

4. Reciclaje de Plásticos

En términos técnicos el reciclaje consiste en la obtención de materiales a partir de desechos, mediante el empleo de procesos fisicoquímicos o mecánicos, donde se somete un producto ya utilizado a un tratamiento total o parcial, para obtener una materia prima o producto diferente, introduciéndolo de nuevo en el ciclo de vida útil.

Actualmente, las tecnologías para el reciclaje se implementan ante la perspectiva del agotamiento de recursos naturales en un sentido macro económico y para eliminar de forma eficaz los desechos contribuyendo a la preservación del ambiente. De esta manera, el reciclaje se circunscribe en la estrategia de tratamiento de residuos de las "Tres R":

- Reducir: acciones para minimizar la producción de objetos susceptibles de convertirse en residuos.
- Reutilizar: actividades que permiten volver a emplear un producto para darle una segunda vida, con el mismo uso u otro diferente.
- Reciclar: el conjunto de operaciones de acopio y tratamiento de residuos con las que se logra reintroducirlos en un ciclo de vida.

El desarrollo de tecnologías para el reciclado de plásticos inició a principios de 1970, debido al aumento en los costos del petróleo y el desabasto de materias primas. El reciclaje de plásticos puede realizarse por tres métodos:

a) Reciclaje físico o mecánico

Es el más utilizado; contempla la preselección o separación de los residuos seguida de una molienda, lavado y peletizado; el material así obtenido se somete a un proceso de transformación que permita obtener la forma requerida. Así mismo, las escamas resultantes se pueden destinar en forma directa (sin necesidad de volver a hacer *pellets*) en la fabricación de productos por inyección o extrusión.

Dependiendo de la calidad del material resultante, el reciclado mecánico se conoce como primario o secundario: el primero consiste en la conversión de los plásticos de desecho en artículos con propiedades fisicoquímicas iguales o similares a las del material original y normalmente es el reprocesamiento *in situ* de productos que no cumplen con los estándares de calidad del propio fabricante.

En el caso del reciclaje secundario, los plásticos provenientes de desechos (mezclados o solos) se transforman en productos nuevos pero con una calidad inferior a la original; en este caso no se requiere de limpieza previa, por lo que en ocasiones son llamados plásticos contaminados.

b) Reciclaje químico o terciario

Consiste en la despolimerización del plástico mediante reacciones químicas que producen la separación de los componentes básicos de la resina (monómeros) los cuales se emplean para la síntesis de nueva materia prima virgen. También incluye la degradación en etapas para obtener productos de menor masa molecular a través de ruptura de cadenas y las mezclas reactivas de distintos polímeros con la formación in situ de copolímeros de bloque o injertos poliméricos. Actualmente a escala industrial, se aplican tecnologías específicas para distintos tipos de plásticos, sin embargo resulta especialmente adecuado para poliésteres, poliamidas y poliuretanos (Pilati & Toselli, 2002).

c) Reciclaje energético o cuaternario

Es el tratamiento térmico de los plásticos de desecho para obtener energía, la cual se emplea para llevar a cabo otros procesos. Se fundamenta en la eliminación de la mayor parte del volumen de los residuos mediante combustión, transformando los desechos en gases, cenizas y escorias. Existen tres tipos de tecnologías de este tipo en función de los requerimientos de aire: pirólisis (en ausencia de oxígeno con la subsecuente formación de mezclas complejas de productos sólidos, líquidos o gaseosos), hidrogenación (proceso pirolítico en una atmósfera de hidrógeno o monóxido de carbono) y gasificación (combustión parcial con aire limitado). De esta manera, el plástico se convierte en combustible proporcionando energía calorífica como tal o que puede emplearse para la generación de electricidad (Goodship, 2007).

Una tecnología alternativa poco utilizada par el reciclaje de plásticos es el uso de radiación gamma, la cual está cobrando importancia desde el punto de vista ecológico y económico debido a su capacidad para modificar la estructura química y propiedades de prácticamente cualquier material polimérico (Burillo et al., 2002).

4.1. Reciclaje de PET y Ventajas Ambientales

Desde el punto de vista ambiental y en comparación con otros plásticos *comodities*, el PET es el que presenta las mayores aptitudes para el reciclado, ya que a pesar de que en la fabricación se consume gran cantidad de energía, su incineración produce mucho calor o electricidad (gracias a su elevado poder calorífico), además de la sencillez de procedimientos y las relativamente bajas temperaturas a las cuales debe someterse para ser transformado en nuevos productos, también reciclables.

El proceso de reciclado del PET consiste tradicionalmente en transformar las botellas usadas en monómeros o fibras, a través de métodos físicos, químicos o térmicos. Durante el reciclaje, se puede presentar turbidez o degradación térmica del PET, la cual se evita empleando aditivos, sobre todo estabilizadores al calor de tipo fosfito y fosfito/fenólico. Se alcanzan masas moleculares que varían entre 19,000 g/mol y 25,000 g/mol después de 5 ciclos de reproceso. Las técnicas de reciclado del PET post-consumo se describen a continuación:

4.1.1. Reciclaje Físico

Las operaciones unitarias que se aplican en este tipo de reciclaje se muestran en la Figura 4:

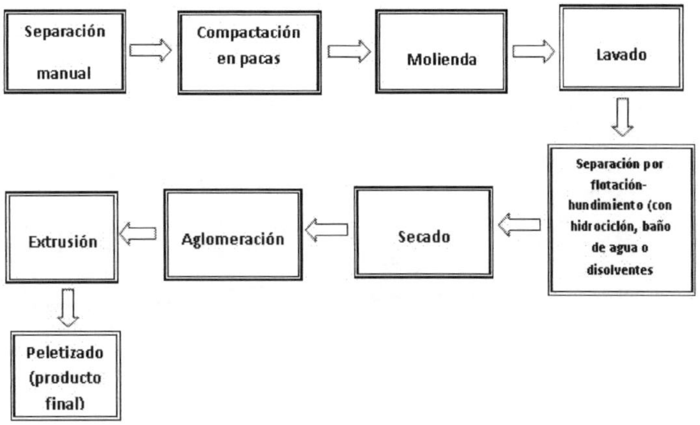

Figura 4. Proceso para el reciclaje físico del PET

El PET de desecho es seleccionado de acuerdo a su transparencia, color y grado de limpieza; posteriormente se efectúa el lavado para deshacerse de abrasivos, residuos de material biodegradable, papel, adhesivos y etiquetas. En este momento se separan contaminantes como arena, piedra, vidrio y metales. Una vez limpio, el PET puede compactarse en pacas, con la finalidad de reducir volumen (sobre todo si se trata de botellas), o bien, pasar por un molino para reducción de tamaño.

Para PET mezclado con otros plásticos se lleva a cabo la separación mediante técnicas físicas; se puede utilizar la tecnología de flotación-hundimiento o la separación mediante disolventes. En el primer caso, el proceso se basa en diferencias de densidad y consiste en introducir el material triturado en tanques que contienen agua o una mezcla de esta con algún agente tensoactivo, con la finalidad de que el líquido moje al plástico, de tal modo que aquellos materiales con densidad menor a 1 g/cm^3 queden flotando en la superficie y los de mayor valor se hundan, realizando la separación por gravedad. También puede emplearse un equipo conocido como hidrociclón, en el cual mediante la fuerza centrífuga se genera un remolino interior ascendente que arrastra y hace salir la fracción más ligera; otro remolino descendente se encarga de expulsar por la parte exterior y hacia abajo, la fracción más pesada y las impurezas. Cabe mencionar que la separación de mezclas de PET, PE y PVC se realiza por filtración mediante el uso de disolventes como tolueno a temperatura ambiente.

El siguiente paso en el reciclaje, es el secado. El PET limpio pasa por una secadora y se almacena en un silo donde se homogeneiza. Posteriormente puede aglomerarse y extruirse para finalmente obtener *pellets*, los cuales pueden mezclarse con polímero virgen en distintas proporciones (Awaja & Pavel, 2005; Goodship, 2007).

En comparación con el PET virgen, cuando el PET es reciclado en forma mecánica se modifican sus propiedades, como la disminución de la masa molecular y el incremento del ácido carboxílico y del acetaldehído. Sus propiedades mecánicas cambian, el RPET presenta elevada resistencia al impacto, mayor elongación a la rotura pero menor módulo de Young y es más dúctil como resultado de las diferencias en la cristalinidad (Awaja & Pavel, 2005). En la Tabla 1 se comparan las propiedades de ambos tipos de PET:

Propiedad (unidad)	**PET virgen**	**RPET**
Módulo de Young (MPa)	1890	1630
Resistencia a la rotura (MPa)	47	24
Resistencia al impacto (J m^{-1})	12	20
Viscosidad intrínseca (dL g^{-1})	0.72 – 0.84	0.46 – 0.76
Temperatura de fusión (°C)	244 - 254	247 - 253
Masa molecular (g mol^{-1})	81,600	58,400

Tabla 1. Comparación entre propiedades físicas del PET virgen y el RPET

4.1.2. Reciclaje Químico

Los poliésteres son los polímeros más sencillos de reciclar químicamente, debido a que los enlaces éster de la cadena reaccionan rápidamente con distintos reactivos nucleofílicos (como agua, alcoholes o glicoles). Específicamente el PET se despolimeriza para obtener etilenglicol (EG) y ácido tereftálico (AT). Cuando se usan alcoholes, aminas o sales de amonio para romper las cadenas poliméricas del PET se obtienen productos de baja masa molecular, los cuales se emplean como intermediarios en varios procesos químicos. Si se agregan pequeñas cantidades de EG o agua al iniciar o finalizar el proceso, se formarán mezclas de oligómeros que a su vez sirven para volver a sintetizar PET; al utilizar glicoles distintos del EG en la despolimerización pueden obtenerse variados copolímeros oligoméricos (Pilati & Toselli, 2002).

Actualmente a nivel industrial, existen varios procesos para el reciclaje químico del PET entre los que se pueden mencionar la hidrólisis, glicólisis, alcoholisis, aminólisis, metanólisis y la oxidación; cada uno de ellos depende de los reactivos que se empleen para la reacción. De éstos, los de mayor aplicación se describen a continuación.

Hidrólisis: En este caso, la ruptura del enlace éster se verifica en medio acuoso bajo condiciones ácidas, neutras o alcalinas. En la hidrólisis alcalina se utilizan disoluciones acuosas entre el 4% y el 20% en masa de hidróxido de sodio, temperaturas entre 100°C y 250°C, presión de 1 a 2 atmósferas y tiempos de degradación entre 2 y 5 horas; bajo estas condiciones se pueden obtener rendimientos hasta del 99%. La hidrólisis neutra emplea agua a altas temperaturas, en tanto que en la hidrólisis de tipo ácido, el poliéster se descompone a través de ácido sulfúrico concentrado.

Existen varios procesos patentados para recuperar EG y AT por medio de hidrólisis, como el RECOPET® desarrollado en Francia, el cual permite el reciclado de PET de colores y contaminado con otros plásticos (incluso en concentraciones de hasta el 10% de cloruro de polivinilo), y sustancias como adhesivos, aceite o papel. Este proceso usa una disolución concentrada de NaOH y se lleva a cabo en vacío a 150°C. El EG se destila durante la reacción y el tereftalato de sodio obtenido se diluye con agua, se almacena y purifica. Entonces el AT se precipita por acidificación con H_2SO_4 para posteriormente ser filtrado, lavado y secado. No se obtienen trazas de oligómeros o glicoles y el rendimiento es cercano al 100% (Benzaria, Dawans, Durif-Varambon & Gaillar, 1996).

Otro proceso hidrolítico es Renew® donde el PET post-consumo se lava y separa por flotación-hundimiento y luego se pone en contacto con vapor de EG para iniciar la despolimerización. El material así obtenido, es molido, tamizado (hasta lograr un tamaño menor a 700 µm), separado de las fibras de papel y reducido nuevamente hasta 20 µm para luego ser hidrolizado con agua en un reactor a 200°C. Dicha reacción es catalizada por el AT producido, el cual se lava con agua hirviendo para remover ácidos solubles. Enseguida se esterifica con EG en presencia de carbón activado y arcilla, filtrándose en una malla metálica de 50 µm. La mezcla oligomérica así obtenida se polimeriza de manera convencional a PET.

Glicólisis: Consiste en la degradación del poliéster mediante dioles (como el etilenglicol, propilenglicol o dietilenglicol) a temperatura entre 210 y 250°C, añadiendo catalizadores de transesterificación como acetatos de zinc y sodio. Los productos obtenidos dependen del tipo de glicol usado y de la proporción PET/glicol. Con un exceso de EG se produce mayoritariamente el bis(2-hidroxietil) tereftalato (BHET), con un rendimiento mayor al 90% y un alto grado de pureza. El BHET se puede agregar a un reactor en una segunda polimerización para producir nuevo PET, o bien, emplearse en la preparación de resina de poliuretano rígido (Guoxi, Maixi & Chen, 2005).

Alcoholisis: La despolimerización se realiza mediante alcoholes, principalmente metanol, a temperaturas entre 200°C y 300°C aplicando una presión que oscila entre 2 y 300 atmósferas, preferentemente en presencia de catalizadores de transesterificación o NaOH. Los productos que se obtienen son tereftalato de dimetilo (DMT por sus siglas en inglés) y EG. La despolimerización consta de dos etapas: en la primera el PET se calienta con un exceso de metanol y se agita entre 190 °C y 210°C bajo una presión de 3 a 4 MPa durante 7 a 13 minutos. Después, la mezcla se introduce en un segundo reactor (a 180-200°C y 3-4 MPa) sin agitación e inmediatamente se lleva a un tercer reactor donde se libera la presión y la mezcla se enfría y procesa para generar DMT con un rendimiento del 99% (Pilati & Toselli, 2002).

Otro proceso se conoce con el nombre Afinity®, donde se emplea una temperatura menor a 100°C, disolventes económicos y equipos sencillos, lo que permite obtener AT y EG con una alta pureza y eficiencia mínima del 95%. Mediante este proceso, la resina de PET reciclada puede usarse para fabricar botellas o envases grado alimenticio.

Se estima que la degradación del PET por hidrólisis es más rápida que los procesos mediante oxidación o degradación térmica, pero con la desventaja de requerir neutralización de las disoluciones que se usan, filtración y disposición de los sólidos generados, así como la destilación de elevadas cantidades de agua, que lo vuelven económicamente poco rentable.

4.1.3. Reciclaje Térmico

Los envases de PET pueden emplearse para generar energía, por su alto poder calorífico de 6.3 kcal/kg. Si durante la fabricación no se emplean aditivos ni modificadores, no se generaran emisiones tóxicas durante la combustión, obteniéndose únicamente dióxido de carbono y vapor de agua. El reciclaje térmico es muy eficiente para la disposición de grandes volúmenes de PET post-consumo, pero solo se recupera una pequeña parte del valor total del residuo (Pilati & Toselli, 2002; Goodship, 2007).

5. Reciclaje de Plásticos Mediante el Uso de Radiación Gamma

La radiación gamma (γ) es un tipo de radiación electromagnética de alta energía formada por fotones y producida generalmente por elementos radioactivos (Drobny, 2013). Con la radiación gamma es posible modificar la estructura química de los polímeros a través de tres procesos: escisión o rompimiento de cadenas (scission), entrecruzamiento entre cadenas (cross-linking) e injerto (grafting). La influencia de cada proceso depende de la *tasa de dosis*, de la atmósfera y la temperatura a la cual se realiza la irradiación y el tratamiento post-irradiación.

La ventaja de trabajar con polímeros es la gran sensibilidad a cambios en los enlaces químicos, obteniéndose propiedades diferentes en cuanto a cristalinidad, densidad, coeficiente de expansión térmica, módulo de elasticidad, permeabilidad, así como de la resistencia a la corrosión, a la abrasión y a disolventes. La modificación de la estructura química es a través de la formación de grupos funcionales como carbonilos, carboxilos, ésteres e hidroxilos; induciendo de forma simultáneamente, tanto la ruptura de las cadenas hidrocarbonadas como el entrecruzamiento entre ellas. Las modificaciones se deben al reordenamiento geométrico de la estructura de enlace, lo que permite incrementar el grado de polimerización y en consecuencia presentar cambios en la resistencia mecánica, en la capacidad aislante y en la repelencia al agua (Burillo, et al., 2002; Martínez-Barrera, Menchaca-Campos, Barrera-Díaz & Ávila-Córdoba, 2013; Buttafava, Consolati, Mariani, Quasso & Ravasio, 2005).

5.1. Efectos de la Radiación Gamma en PET y su Empleo en el Reciclaje

Se han realizado estudios sobre los efectos de la irradiación gamma en PET comercial, donde se analizan los cambios estructurales producidos. El PET irradiado con dosis por arriba de los 100 kGy mostró disminución de la masa molecular e incremento en la cristalinidad, esto como consecuencia de la ruptura de las cadenas del polímero. Se cuantificó el tamaño promedio de los defectos en las regiones cristalinas (resultados provenientes de la evaluación mediante espectroscopía por aniquilación de positrón y calorimetría diferencial de barrido) (Buttafava, Consolati, Di Landro & Mariani, 2002).

Al irradiar PET con rayos gamma provenientes de una fuente de ^{60}Co a dosis de 25 y 50 kGy se encontró diferencia en la generación del etil éster del ácido tereftálico, siendo de 2 mg/kg al aplicar 50 kGy mayor que la del PET control, de 1 mg/kg. Esto demostró que el PET es resistente a la radiación y es posible medir los productos de radiólisis de baja masa molecular (evaluación por cromatografía de líquidos y espectrometría de masas) (Buchalla & Begley, 2006).

A dosis mayores de irradiación gamma (135 kGy), la cristalinidad del PET permanece sin cambio, incrementándose la absorción óptica en la región de 320-370 nm. En este caso se producen radicales libres, los cuales reaccionan con el oxígeno del aire para formar grupos carbonilo e hidroxilo; además desaparecen los picos a 871 cm^{-1} y 1303 cm^{-1} en el espectro de infrarrojo (evaluación por difracción de rayos X, espectroscopías ultravioleta-visible e infrarroja con transformada de Fourier) (Shiv-Govind, Abhijit & Udayan, 2011).

En botellas de PET irradiadas hasta 670 kGy se encontró aumento tanto en la cristalinidad como en el tamaño de los cristalitos formados después de la irradiación (evaluación por difracción de rayos X y espectroscopía UV-vis) (Kumar, Ali, Sonkawade & Dhaliwal, 2012). Para PET virgen irradiado de 0 a 2 MGy, los patrones de difracción muestran que la cristalinidad aumenta al incrementarse la dosis de radiación. Mientras los análisis por UV indican que la energía de activación y absorción se incrementan pero la banda prohibida disminuye conforme mayor es la dosis suministrada (Siddhartha, Suveda, Kapil, Suresh-Kumar, Krishna, & Wahab, 2012).

En una investigación sobre las propiedades eléctricas de conductividad y constante dieléctrica de PET irradiado con rayos gamma en un intervalo de dosis de 100 a 2 MGy, se encontró que el incremento en los valores es proporcional al aumento en la dosis de radiación, abriendo la posibilidad de utilizar películas de PET en componentes electrónicos como capacitares y resistores (Radwan, 2007).

Mediante espectroscopía fotoelectrónica de rayos X, microscopía electrónica de barrido, calorimetría diferencial de barrido y espectrometría de masas se evaluaron los efectos de dosis muy elevadas de radiación en PET (entre 5 y 15 MGy). Con una razón de dosis de 1.65 MGy/h se encontró disminución de la masa molecular atribuida a la ruptura de las cadenas poliméricas con una degradación máxima a los 5 MGy; después de esta dosis, la masa molecular se incrementa de nuevo por recombinación y presencia de ramificaciones provenientes de fragmentos moleculares; sin embargo no se observa gelificación a la dosis máxima de radiación estudiada. Los efectos de entrecruzamiento y ruptura se verifican en muestras sometidas a presión debido al decremento del volumen libre y por una alta probabilidad de recombinación por presencia de macro-radicales (Burillo, Tenorio, Bucio, Adem & López, 2007).

En estudios efectuados a películas laminadas de PET (utilizadas como empaque) irradiadas a dosis de 8, 10 y 15 kGy, se notó resistencia a los efectos de la radiación hasta dosis de 15 kGy (Maryam, Nasrin, Samad, Ebrahimi & Farnaz, 2009). En otro estudio realizado a películas para empaque fabricadas con PET biaxial irradiadas de 0 a 200 kGy, se encontraron varios resultados: a) el contenido de dietilenglicol se va incrementando hasta dosis de 10 kGy pero comienza a disminuir a dosis mayores de 30 kGy; b) las masas moleculares, viscosidad intrínseca y la concentración de grupos carboxi terminales decrecen ligeramente después de los 60 kGy; y c) la permeabilidad, propiedades térmicas, color y resistividad superficial no son significativamente afectadas (Jeon, Lee & Park, 2004).

En otra investigación efectuada en diferentes poliésteres, entre ellos PET, los resultados muestran que a dosis mayores de 100 kGy se presenta rompimiento de cadenas poliméricas, pero incremento de la resistencia al daño por radiación debido a la longitud de la cadena alifática y la presencia del anillo aromático; no obstante se observaron entrecruzamientos para dosis entre 100 y 300 kGy (Buttafava et al., 2005). En poliésteres aromáticos termoplásticos irradiados hasta 1 MGy se evaluó la capacidad de aislamiento eléctrico, observando cadenas poliméricas muy estables debido a la presencia de anillos de benceno (Mariani, Ravasio, Varoli, Consolati, Faucitano & Buttafava, 2007a).

Al examinar la influencia de la densidad aromática y el papel del oxígeno en la resistencia a la radiación gamma de PET y de polinaftalato de etileno se detectó gran estabilidad de los radicales formados mediante el análisis por resonancia paramagnética electrónica (EPR) así como disminución en la intensidad orto-positronio medido a través de espectroscopía por aniquilación de positrón (Mariani, Ravasio, Consolati, Buttafava, Giola & Faucitano, 2007b). En otra investigación se estudiaron las propiedades térmicas, mecánicas y de teñido de PET modificado con hidrato de hidrazina y por radiación gamma. Se encontró mayor estabilidad a la descomposición en PET irradiado (Zohdy, 2005).

En estudios enfocados al *reciclaje de PET* mediante el uso de la radiación gamma, se evaluaron los efectos provocados por una fuente de ^{60}Co. En *PET de desecho* se produce rompimiento de enlaces en la cadena principal y en consecuencia disminución de la masa molecular (evaluados por el índice de fluidez, viscosidad intrínseca y calorimetría diferencial de barrido).

En mezclas de PET virgen y *de desecho* irradiadas con rayos gamma se observó aumento en la estabilidad térmica (examinado por espectroscopía infrarroja, análisis termogravimétrico y calorimetría diferencial de barrido). Adicionalmente, se estudió la afinidad por colorantes dispersos antes y después de la irradiación. En términos de la intensidad de color el máximo porcentaje en el mejoramiento de este parámetro (98%) se logró a una dosis de 50 kGy (Razek, Said, Khafaga & El-Naggar, 2010).

También se ha mezclado *PET de desecho* con otros materiales y posteriormente utilizado radiación gamma para la compatibilización entre ellos. Por ejemplo se llevó a cabo un procedimiento para obtener un termoplástico de ingeniería mejorado en cuanto a esfuerzo tensil y resistencia al impacto empleando *PET de desecho*, fibra de vidrio, epoxiacrilato y una dosis de 10 kGy, obteniéndose buenos resultados (Tóth, Czvikovszky & Abd-Elhamid, 2004).

Como puede observarse, la tecnología de *reciclaje de PET* por medio de radiación gamma es cada vez más empleada, primordialmente por los beneficios que aporta en la modificación de diversas propiedades fisicoquímicas, lo que permite su reúso en diversas aplicaciones.

6. Aplicaciones del PET Reciclado

La industria actualmente va incorporando a sus procesos de producción RPET, el cual debe cumplir con ciertas especificaciones que dependen del uso o producto que se pretenda fabricar. El RPET se ha utilizado en diferentes aplicaciones: como combustible alterno en la producción de madera plástica; para la fabricación de envases para productos de limpieza y no alimenticios; como lámina plana para termoformado; en flejes, monofilamentos, aislantes térmicos de bolsas de dormir; también en alfombras, mangos de herramientas y autopartes (Gurudatt, Rakshit & Bardhan, 2005). El RPET puede ser reforzado con fibra de vidrio o policarbonato y después moldearse por inyección para producir partes automotrices, electrodomésticos y muebles.

Cuando se lleva a cabo un reciclaje químico y dependiendo de la pureza de la materia prima obtenida, ésta se puede reutilizar en la fabricación de envases para alimentos y bebidas. Actualmente existen varios procesos que permiten utilizar el RPET de esta forma, entre los que se encuentra la tecnología multicapa por coinyección, donde se une una capa de RPET entre dos capas de resina virgen (Pilati & Toselli, 2002). Debido a que la oferta excede la demanda y los métodos de reciclaje resultan insuficientes, una alternativa para reciclar cantidades elevadas de envases de PET es mediante su uso como sustituto de fibra o material inerte para rumiantes (Cobos, Mata, Pérez, Hernández & Ferrera, 2011).

Los mercados para el PET reciclado se clasifican en dos áreas principales dependiendo de la viscosidad intrínseca (V.I., medida en dL/g)

a) PET con una masa molecular alta (V.I. > 0.65).

b) PET con una masa molecular menor (V.I. < 0.65).

Uno de los más extendidos usos del RPET (reciclado vía mecánica) es la fabricación de fibras textiles. Dependiendo de sus características, éstas pueden clasificarse como:

- Fibras de gran tenacidad (o también conocidas como strapping en inglés) con una viscosidad intrínseca > 0.80 dL/g, compiten con el acero y el polipropileno.
- Fibra cortada de 5 –150 mm de longitud y de 1–200 denier de espesor (un denier es la masa en gramos de 9000 m de fibra sintética en forma de un filamento único y continuo), las cuales generalmente no son teñidas. El mercado más extenso para las fibras de PET está entre el rango de 1.5 – 3.0 denier, que es usado en aplicaciones de ropa.
- Filamento, que se comercializa a modo de fibra continua enrollada sobre bobinas. Esto implica un precio más alto con la desventaja adicional de que puede contener restos de contaminantes susceptibles a causar ruptura del material.

- Fibra para relleno o aislante para uso en prendas impermeables, bolsas de dormir, almohadas y cubre-camas. Esta aplicación puede aceptar escamas de PET coloreado y requiere PET con una viscosidad intrínseca en un rango de 0.58 – 0.65 dL/g.
- Fibra no tejida o *non-woven*, que puede usarse en filtros, materiales absorbentes, equipo de campamento, etc. Este tipo de fibra se produce a través de un proceso especial: los trozos de botellas de PET previamente limpios primero se secan y cristalizan para posteriormente extruirse. El material fundido se filtra y centrifuga. Para formar redes, los filamentos agrupados se modelan mediante chorros aerodinámicos que se extienden y distribuyen sobre una banda transportadora, la cual posee alto vacío aplicado desde abajo, lo que da como resultado un rápido enfriamiento por aire. Finalmente, el material obtenido es comprimido, arrastrado continuamente, perforado y enrollado.

6.1. Uso de RPET como Refuerzo en Concreto

Otra importante aplicación consiste en el empleo del RPET como material de refuerzo en la elaboración de concreto. En general, los materiales de refuerzo confieren a un material compuesto, como el concreto, mejores propiedades que las de los materiales individuales que lo constituyen, como por ejemplo: resistencia, rigidez, dureza, rendimiento a altas temperaturas y conductividad. En el concreto es de vital importancia que el material de refuerzo sea compatible con la matriz y resistente al ataque de los productos de hidratación del cemento.

En la última década se han realizado investigaciones sobre concreto reforzado con fibras y partículas de polímeros como polipropileno, poliestireno, PET y polietileno; obteniéndose resultados muy satisfactorios (Babu, Babu & Wee, 2005; San-José, Vegas & Ferreira, 2005; Israngkura & Ungkoon, 2010).

En una investigación llevada a cabo se agregaron fibras de PET al concreto, el cual fue evaluado entre los 7 y 164 días; se encontró que la dureza disminuyó con el tiempo, debido a la degradación de las fibras de PET por hidrólisis alcalina cuando éstas se encuentran inmersas en la matriz del cemento (Silva, Betioli, Gleize, Roman, Gómez & Ribeiro, 2005). También se han agregado fibras de PET provenientes de botellas al concreto, los resultados muestran que la adición de pequeñas cantidades aumentan la resistencia y retardan el agrietamiento, esto debido a la geometría que poseen las fibras que ayuda a la unión del concreto en las secciones fisuradas (Foti, 2011).

En otra investigación se añadió al concreto PET de envases plásticos (como sustituto parcial o total de la arena); el PET granulado a diferentes tamaños de partícula fue agregado en porcentajes del 2 al 100% en sustitución de la arena. Los resultados muestran que el reemplazo por PET de 5 mm en porcentajes menores al 50% en volumen, no afectan la resistencia a la compresión ni a la flexión. La relación entre las propiedades mecánicas y la microestructura del concreto se estableció mediante análisis por microscopía electrónica de barrido (Marzouk et al., 2007). Bajo el mismo criterio se usó RPET de botellas en concreto en sustitución de arena, encontrándose que a los 28 días de fraguado la resistencia decrece en 5%, 15% y 30% con un incremento en el contenido del plástico post-consumo del 25%, 50% y 75% respectivamente; en este sentido la eficiencia estructural del concreto que contenía 25% de RPET fue mayor que la del concreto control para una relación agua/cemento del 0.49 (Yun Wang, Dae Joong, Yong Jic & Mohamed, 2009).

En otro estudio de concreto con PET de botellas de plástico en un porcentaje del 3% se obtuvieron pellets de PET por fusión y estiramiento de los envases, así como monofilamentos que fueron cortados a tamaño de fibras. A los monofilamentos se les evaluó flexión, humedecimiento y resistencia frente a álcalis. Las propiedades mecánicas de este concreto reforzado mostraron un incremento considerable (Ochi, et al., 2007). Recientemente se utilizó el RPET de botellas como sustituto de arena en el concreto en porcentajes del 1, 2.5 y 5% (teniendo tres diferentes tamaños de partícula: 3, 1.5 y 5 mm). Los resultados muestran que el módulo de Young es inversamente proporcional al tamaño de RPET, obteniéndose el de mayor valor con 2.5% de RPET de 0.5 mm. Mas aún, las deformaciones tienden a disminuir y los esfuerzos a aumentar entre menor tamaño de PET se considere (Ávila-Córdoba, Martínez-Barrera, Barrera-Díaz, Ureña-Núñez & Loza-Yáñez, 2013).

RPET fue añadido en sustitución de agregado en el concreto, encontrándose disminución del 50% en la densidad y disminución de la resistencia a la compresión a 28 días conforme aumenta la cantidad de agregado, esto debido a la degradación del PET dentro de la matriz cementante (Wang-Choi, Dae-Joong, Jee-Seung & Sun-Kyu, 2005).

Se utilizó RPET (reciclado químicamente) y cenizas volátiles en concreto, encontrándose más del 80% de resistencia en un día. Se evaluaron el efecto de la temperatura y el tiempo en las propiedades del concreto (módulo de compresión y flexión, deformación, contracción y expansión térmica). Se menciona que el uso de RPET ayuda a disminuir los costos de fabricación del concreto al reducir la energía requerida, permitiendo la disposición a largo plazo de *PET de desecho*.

Se elaboró concreto polimérico con residuos de mármol y *PET reciclado* como relleno, con la finalidad de reducir la cantidad de residuos plásticos generados y evaluar la durabilidad. Se obtuvieron valores bajos de porosidad y mínima absorción de agua. Además de medir la resistencia mecánica y química (Tawfik & Eskander, 2006) también se han llevado a cabo pruebas de fluidez a corto tiempo en concreto polimérico elaborado con carbonato de calcio, cenizas y resina poliéster insaturada, esta última obtenida a partir de PET reciclado. Los resultados muestran que los valores de fluidez incrementan cuando se aumenta la tensión aplicada (Byung-Wan, Ghi-Ho & Chang-Hyun, 2007)

Como se observa, existen numerosas investigaciones relacionadas con el reciclaje del PET y su posterior reutilización como agregado en materiales de construcción; los procedimientos empleados son generalmente de naturaleza mecánica o química, sin embargo, en la actualidad existen técnicas alternativas poco usadas que están siendo probadas y que utilizan la radiación gamma para el mismo fin.

7. Empleo de la Radiación Gamma en Concreto

En el concreto, una alternativa que ha probado ser eficiente para mejorar la resistencia mecánica es el uso de la radiación gamma a través de dos métodos:

a) Modificación de las propiedades estructurales de los refuerzos y su posterior incorporación a las mezclas de concreto.

b) Irradiación directa del concreto con los refuerzos incluidos.

Cabe mencionar que son escasas las investigaciones encaminadas a evaluar el efecto de la radiación gamma en concretos (Martínez-Barrera, Giraldo, López & Brostow, 2008; Stankovic, Ilic, Jankovic, Bojovic & Loncar, 2010). En general, la radiación gamma mejora las propiedades del concreto reforzado. Estudios recientes confirman que los concretos irradiados directamente, tienen valores de resistencia a la compresión mayores que los concretos con fibras previamente irradiadas, diferencia que se aprecia notablemente para dosis altas de radiación (100 kGy). Este fenómeno se presenta también para los valores de deformación y módulo de elasticidad (Martínez-Barrera, 2009; Martínez, et al., 2013).

En una investigación llevada a cabo se modificaron por radiación gamma fibras de nylon 6 a dosis de 5, 10, 50, y 100 kGy, las cuales posteriormente fueron añadidas al concreto. Se encontró que los valores más altos de resistencia a la compresión (122.2 MPa) se lograron añadiendo 2% de fibras irradiadas a 50 kGy, siendo el valor del concreto sin fibras de 35 MPa (Martínez-Barrera, Vigueras-Santiago, Hernández-López, Menchaca-Campos & Brostow, 2005, 2006; Martínez-Barrera & Brostow, 2009). En otro estudio se evaluó concreto utilizado en estructuras para seguridad nuclear encontrándose que a una dosis de 500 kGy son afectadas las propiedades mecánicas y disminuye la porosidad debido a la formación de calcita ($CaCO_3$) en un medio de CO_2 (Voda´k, Trtík, Sopko & Kapickova, 2005).

A continuación se presenta una investigación llevada a cabo por los autores con *PET de desecho* de botellas y su reúso como sustituto de arena en concreto. Se consideran como variables el tamaño de partícula y el porcentaje de PET post-consumo. La dosis de radiación gamma aplicada al PET y a los concretos elaborados fue de 100 kGy.

8. Estudio sobre PET de Desecho y su Reúso como Sustituto de Arena en Concreto

En una primera etapa se realizó el acopio de botellas de PET de desecho. Posteriormente las botellas se cortaron en tiras de 5 cm de largo x 5 mm de ancho para después realizar un segundo corte hasta tener hojuelas de 10 x 5 mm en promedio (se empleó únicamente el cuerpo del envase excluyendo el cuello y la base, como se observa en la Figura 5).

Posteriormente el PET se sometió a un proceso de molienda durante una hora en un molino. Enseguida se tamizó en mallas de diferentes aberturas en mm. En esta investigación se utilizaron muestras de PET de 0.5, 1.0 y 3.0 mm. Después se realizó la irradiación mediante rayos gamma a los tres distintos tamaños de PET con una fuente de ^{60}Co aplicando en una primera etapa, la dosis de radiación correspondiente a 100 kGy.

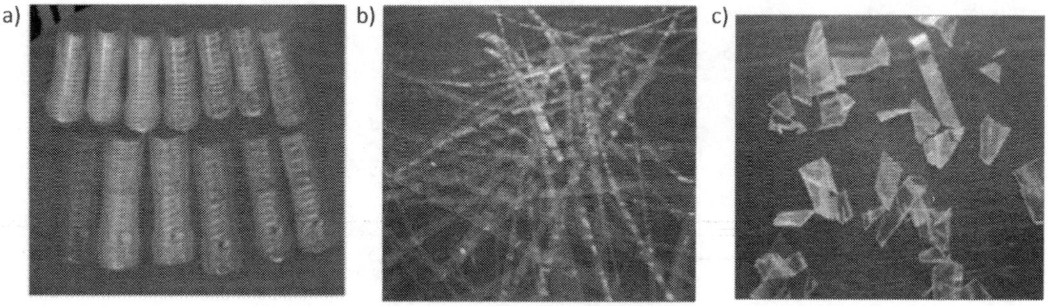

Figura 5. Acopio del PET post-consumo: (a) Selección y (b), (c) corte inicial

La caracterización de las partículas de PET irradiadas y sin irradiar se llevó a cabo mediante análisis morfológicos y de composición utilizando las técnicas de microscopía electrónica de barrido con microanálisis de dispersión de rayos X, espectroscopía infrarroja y ultravioleta visible, análisis termogravimétrico y calorimetría diferencial de barrido.

8.1. Elaboración de las Probetas de Concreto

Se elaboraron en moldes cilíndricos de 10 x 5 cm empleando CPO, arena sílica (tamaño 1.4 mm), grava (tamaño máximo 9.5 mm) y agua. La proporción de cada componente en la mezcla fue 1/2.75 para cemento/agregados con una proporción agua/cemento de 0.485, que se mezclaron en concordancia a la norma ASTM C-305. Se fabricaron 3 lotes de 6 probetas cada uno conforme a la norma del ACI 613-54 (American Concrete Institute) con la siguiente formulación (Tabla 2):

Cemento Portland (g)	Arena Silica(g)	Grava (g)	Agua (g)
420	918	1152	413

Tabla 2. Composición de la mezcla de concreto para las probetas testigo

Las probetas se descimbraron después de 24 horas y fueron sometidas a un proceso de curado bajo condiciones controladas de temperatura y humedad relativa (23 ± 2°C y 95%) de acuerdo a la norma ASTM C/192/C 192M-00. Las condiciones del cuarto húmedo se establecieron según la norma ASTM C-511 (Figura 6).

Posteriormente a las probetas se les realizaron pruebas mecánicas de resistencia a la compresión, una vez transcurridos 7 y 28 días de fraguado (norma ASTM C 39/C 39M-01).

Figura 6. Proceso de curado durante 28 días de las probetas de concreto

8.2. Elaboración de las Probetas con RPET

Se elaboraron las probetas con los tres diferentes tamaños de partícula de PET reciclado: 0.5, 1.5 y 3.0 mm. Para cada tamaño, se sustituyó arena en tres distintos porcentajes en volumen: 1.0, 2.5 y 5.0 %, según se observa en la Tabla 3:

PET (% vol)	PET (g)	Cemento Portland (g)	Arena Sílica (g)	Grava (g)	Agua (g)	Volumen Total (cm^3)
1.0	3.26	420	914.7	1152	413	1338.9
2.5	8.17	420	909.8	1152	413	1339.9
5.0	16.33	420	901.6	1152	413	1342.8

Tabla 3. Composición de la mezcla de concreto con PET reciclado

Tanto las probetas testigo como aquellas adicionadas con RPET a los tres diferentes tamaños de partícula y a las tres distintas concentraciones de prueba, se sometieron a una dosis inicial de radiación gamma correspondiente a 100 kGy después de 28 días de curado.

Las pruebas mecánicas a los concretos se efectuaron en una máquina universal multiensayo, llevándose a cabo la resistencia a la compresión, módulo de elasticidad y deformación unitaria conforme a las normas ASTM C 39/C 39M-01 y ASTM C 469– 94 (Figura 7).

La superficie de fractura, perfil de agrietamiento y composición elemental de las probetas de prueba, se analizaron mediante microscopía electrónica de barrido considerando distintas amplificaciones.

Figura 7. Prueba de resistencia a la compresión

8.3. Resultados de las Pruebas de Resistencia Mecánica

Los resultados obtenidos para la resistencia a la compresión (Figura 8) muestran que este parámetro es mayor para concreto irradiado (entre 15% y 35%) comparada con concreto sin irradiar. Para concreto sin irradiar, la resistencia a la compresión decrece cuando se incrementa el tamaño de RPET sin importar el porcentaje utilizado. Los valores de resistencia a la compresión para concreto con tamaño de PET de 3 mm son 40% menores que los obtenidos a un tamaño de 0.5 mm.

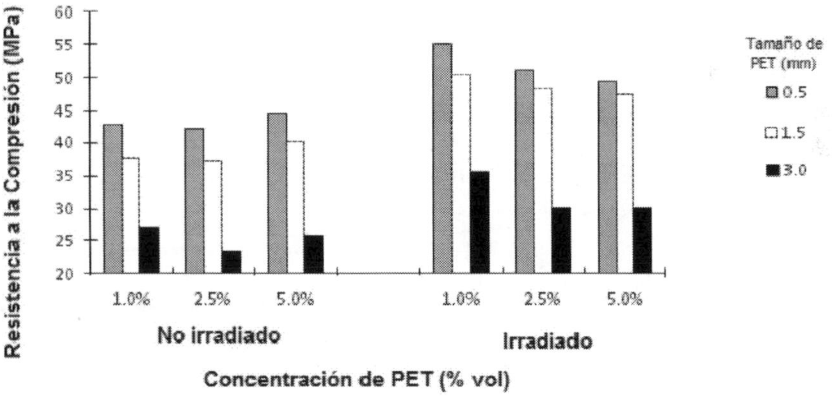

Figura 8. Resistencia a la compresión de concreto a 28 días de curado

Para concreto irradiado la resistencia a la compresión disminuye cuando el tamaño de RPET se incrementa, sobre todo al emplear el 1.0% y 2.5%. Para el tamaño de 3 mm la resistencia a la compresión es del 38% más baja que los valores obtenidos para concreto con 0.5 mm.

En cuanto a la deformación unitaria, los valores obtenidos para concreto irradiado fueron entre un 20% y 70% menores comparados con los concretos sin irradiar. Los resultados se muestran en la Figura 9:

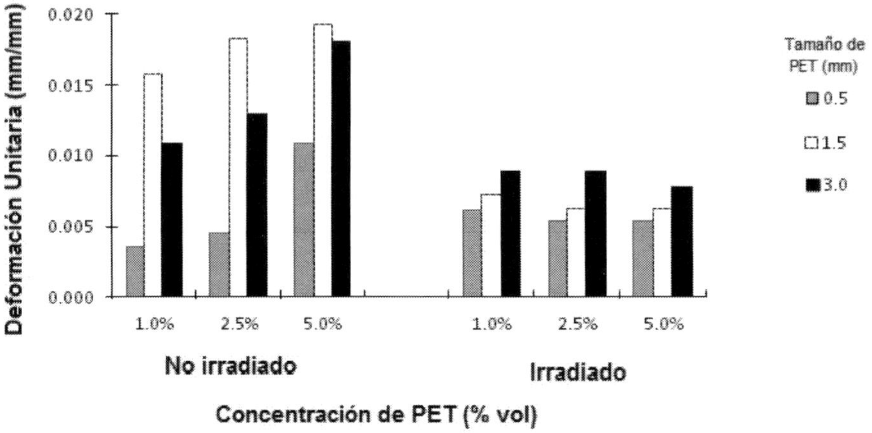

Figura 9. Deformación Unitaria de concreto a 28 días de curado

Como se observa, para concretos sin irradiar las deformaciones unitarias tienden a un máximo valor cuando se usa RPET de 1.5 mm sin importar el porcentaje empleado. Para concreto irradiado con RPET de 0.5 mm al 2.5% se observó incremento en los valores de deformación unitaria de más de cinco veces en comparación con los concretos sin irradiar. Otro dato interesante es que la deformación unitaria tiende a un mínimo valor al emplear RPET con un tamaño de 0.5 mm especialmente con 2.5% y 5%.

Referente al módulo de elasticidad, los valores son similares para ambos tipos de concretos. De acuerdo con la Figura 10, hay una relación inversa entre el módulo de elasticidad y el tamaño de RPET: a menor tamaño mayor módulo de elasticidad.

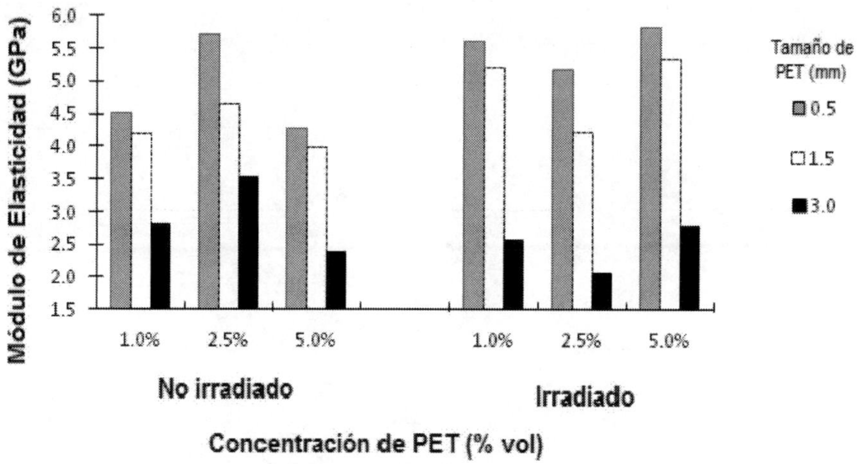

Figura 10. Módulo de elasticidad de concreto a 28 días de curado

Para concretos sin irradiar con 1% y 5% de RPET, el valor máximo del módulo de elasticidad se obtiene a un tamaño de 1.5 mm. Para concretos sin irradiar el mayor módulo de Young y la más alta resistencia a la compresión se obtuvieron a un tamaño de 0.5 mm a una dosis del 2.5%.

Para concretos irradiados con 1% y 2.5% de RPET el módulo de elasticidad decrece conforme se incrementa el tamaño de partícula, mientras que para el 5%, el valor del módulo de Young es máximo a un tamaño de 1.5 mm. El valor más alto del módulo de Young y el de mayor resistencia a la compresión se obtiene a un tamaño de 0.5 mm a un porcentaje del 1%.

Las propiedades mecánicas se relacionan con los cambios microestructurales en el concreto. Los efectos producidos por la radiación, en principio, pueden ser controlados mediante una dosis apropiada de radiación, ya que se logra tener obtener un material más rugoso y agrietado que permite lograr una mayor compatibilidad con la matriz cementante (Martínez-Barrera, 2009; Ávila-Córdoba, et al., 2013) como se observa en la Figura 11.

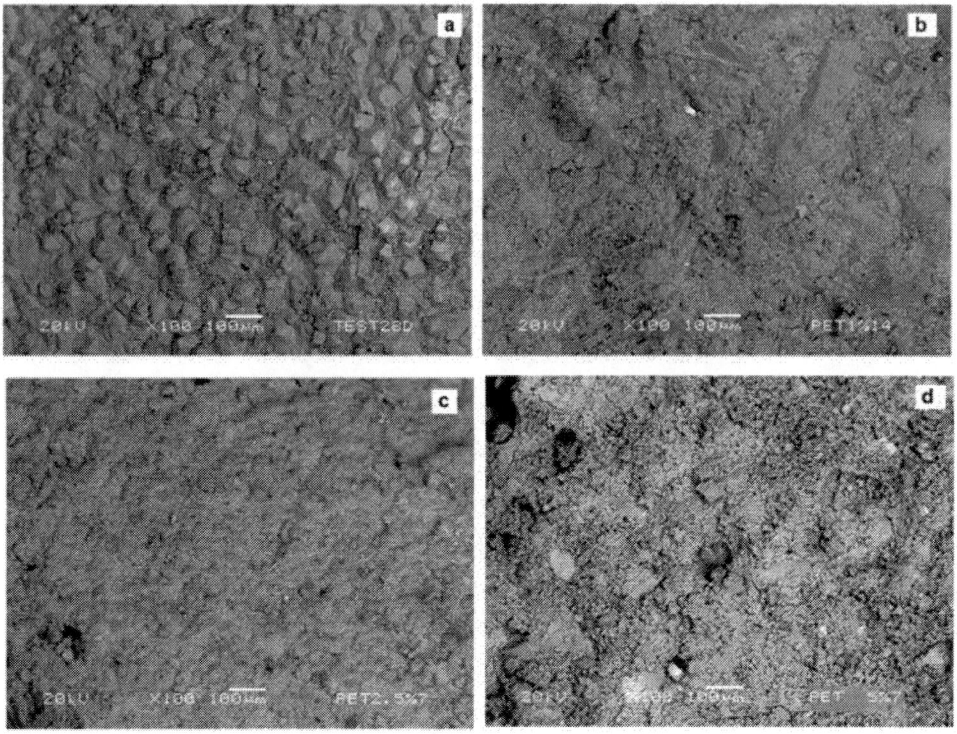

Figura 11. Imágenes obtenidas por MEB de concreto irradiado con partículas de RPET a) Testigo; b) 0.5 mm, c) 1.5 mm y d) 3.0 mm

9. Conclusiones

El impacto ambiental negativo que está ocasionando la elevada generación e inadecuada disposición de los envases de PET, condujo a plantear en este capítulo, un panorama general del reciclaje de dicho plástico post-consumo, enfatizando en el empleo de la radiación Gamma como una metodología alternativa y limpia encaminada a su disposición y reúso como material reciclado, sustituto de agregado fino en concreto.

Agradecimientos

Al T.L. Arcadio Estrada Nava del Laboratorio de Materiales de la Facultad de Ingeniería de la Universidad Autónoma del Estado de México por el invaluable soporte técnico proporcionado.

Referencias

Ávila-Córdoba, L., Martínez-Barrera, G., Barrera-Díaz, C., Ureña-Núñez, F., & Loza-Yáñez, A. (2013). Effects on Mechanical Properties of Recycled PET in Cement-Based Composites. *International Journal of Polymer Science, 2013,* 1-6. http://dx.doi.org/10.1155/2013/763276

Awaja, F., & Pavel, D. (2005). Recycling of PET. *European Polymer Journal, 47(7),* 1453-1477. http://dx.doi.org/10.1016/j.eurpolymj.2005.02.005

Babu, D.S., Babu, K.G., & Wee, T.H. (2005). Properties of lightweight expanded polystyrene aggregate concretes containing fly ash. *Cement and Concrete Research, 35,* 1218-1223. http://dx.doi.org/10.1016/j.cemconres.2004.11.015

Benzaria, J., Dawans, F., Durif-Varambon, B., & Gaillar, J.B. (1996). Institute Francais du Petrole, assignee US Patent: 5,545,746.

Buchalla, R., & Begley, T.H. (2006). Characterization of gamma-irradiated polyethylene terephthalate by liquid-chromatography–mass-spectrometry (LC–MS) with atmospheric-pressure chemical ionization (APCI). *Radiation Physics and Chemistry, 75(1),* 129-137. http://dx.doi.org/10.1016/j.radphyschem.2005.05.012

Burillo, G., Clough, R.L., Czvikovszky, T., Guven, O., Moel, A.L., Liu, W. et al. (2002). Polymer recycling: potential application of radiation technology. *Radiation Physics and Chemistry, 6(1),* 41-51. http://dx.doi.org/10.1016/S0969-806X(01)00443-1

Burillo, G., Tenorio, L., Bucio, E., Adem, E., & López, G.P. (2007). Electron beam irradiation effects on poly(ethylene terephthalate). *Radiation Physics and Chemistry, 76(11-12),* 1728-1731. http://dx.doi.org/10.1016/j.radphyschem.2007.02.097

Buttafava, A., Consolati, G., Di Landro, L., & Mariani, M. (2002). γ-irradiation effects on polyethylene terephthalate studied by positron annihilation lifetime spectroscopy. *Polymer, 43(26),* 7477-7481. http://dx.doi.org/10.1016/S0032-3861(02)00708-5

Buttafava, A., Consolati, G., Mariani, M., Quasso, F., & Ravasio, U. (2005). Effects induced by gamma irradiation of different polyesters studied by viscometry, thermal analysis and positron annihilation spectroscopy. *Polymer Degradation and Stability, 89,* 133-139. http://dx.doi.org/10.1016/j.polymdegradstab.2005.01.009

Byung-Wan, J., Ghi-Ho, T., & Chang-Hyun, K. (2007). Uniaxial creep behavior and prediction of recycled-PET polymer concrete. *Construction and Building Materials, 21,* 1552-1559. http://dx.doi.org/10.1016/j.conbuildmat.2005.10.003

Cobos, P.M., Mata, E.M., Pérez, S.M., Hernández, S.D., & Ferrera, C.R. (2011). Ground polyethylene terephthalate bottles and its function as fiber sustitute in diets for lambs. *Agrociencia, 45,* 33-41.

Drobny, J.G. (2013). *Ionizing Radiation and Polymers Principles, Technology and Applications* (pp. 1-25). Plastics Design Library William Andrew, Applied Science Publishers, Elsevier.

Foti, D. (2011). Preliminary analysis of concrete reinforced with waste bottles PET fibers. *Construction and Building Materials, 25,* 1906-1915. http://dx.doi.org/10.1016/j.conbuildmat.2010.11.066

Goodship, V. (2007). Reprocessing of Thermoplastics Recyclates. En *Introduction to Plastics Recycling* (pp. 45-61). United Kingdom: Smithers Rapra.

Guoxi, X., Maixi, L., & Chen, S. (2005). Study on depolymerization of waste polyethylene terephthalate into monomer of bis(2-hydroxyethyl terephthalate). *Polymer Degradation and Stability, 87,* 117-120. http://dx.doi.org/10.1016/j.polymdegradstab.2004.07.017

Gurudatt, K., Rakshit, A.K., & Bardhan, M.K. (2005). Dope-dyed polyester fibers from recycled PET wastes for use in molded automotive carpets. *Journal of Industrial Textiles, 34,* 167-179. http://dx.doi.org/10.1177/1528083705049053

Israngkura, B., & Ungkoon, Y. (2010). Bond Performance of Fiber Reinforced Polymer (FRP) Bars in Autoclaved Aerated Concrete (AAC). *Journal of Civil Engineering and Architecture*, *4,* 41-44.

Jeon, D.H., Lee, H.K., & Park, H.J. (2004). The effects of irradiation on physicochemical characteristics of PET packaging film. *Radiation Physics and Chemistry*, *71,* 1059-1064. http://dx.doi.org/10.1016/j.radphyschem.2003.10.009

Kumar, V., Ali, Y., Sonkawade, R., & Dhaliwal, A. (2012). Effect of gamma irradiation on the properties of plastic bottle sheet. *Nuclear Instruments and Methods in Physics Research Section B: Beam Interactions with Materials and Atoms, 287,* 10-14. http://dx.doi.org/10.1016/j.nimb.2012.07.007

Mariani, M., Ravasio, U., Varoli, V., Consolati, G., Faucitano, A., & Buttafava, A. (2007a). Gamma irradiation of polyester films. *Radiation Physics and Chemistry*, 76 (8-9): 1385-1389. http://dx.doi.org/10.1016/j.radphyschem.2007.02.039

Mariani, M., Ravasio, U., Consolati, G., Buttafava, A., Giola, M., & Faucitano, A. (2007b). Gamma irradiation of PolyEthylene Terephthalate and PolyEthylene Naphthalate. *Nuclear Instruments and Methods in Physics Research Section B: Beam Interactions with Materials and Atoms*, *265(1),* 245-250. http://dx.doi.org/10.1016/j.nimb.2007.08.054

Martínez-Barrera, G., Vigueras-Santiago, E., Hernández-López, S., Menchaca-Campos, C., & Brostow, W. (2005). Mechanical improvement of concrete by irradiated polypropylene fibers. *Polymer Engineering Science, 21,* 1426-1431. http://dx.doi.org/10.1002/pen.20418

Martínez-Barrera, G., Vigueras-Santiago, E., Hernández-López, S., Menchaca-Campos, C., & Brostow, W. (2006). Concrete reinforced with irradiated nylon fibers. *Journal Materials Research, 21,* 484-491. http://dx.doi.org/10.1557/jmr.2006.0058

Martínez-Barrera, G., Giraldo, L.F., López, B.L., & Brostow, W. (2008). Effect of gamma radiation on fiber-reinforced polymer concrete. *Polymer Composites, 29,* 1245-1251. http://dx.doi.org/10.1002/pc.20537

Martínez-Barrera, G. (2009). Uso de fibras poliméricas en el mejoramiento de las propiedades mecánicas del concreto. En *Tópicos en Materiales* (pp. 125-169). México: UAEM.

Martínez-Barrera, G., & Brostow, W. (2009). Fiber-reinforced polymer concrete: Property improvement by gamma irradiation. En *Gamma radiation effects on polymeric materials and its applications* (pp. 27-44). Kerala India: Research Signpost.

Martínez-Barrera, G., Menchaca, C., Barrera-Díaz, C., & Ávila-Córdoba, L. (2013). Recent Developments in Polymer Recycling. En: *Gamma Rays: Technology, Applications, and Health Implications* (pp. 237-255). New York: Nova Science Publishers.

Maryam, M., Nasrin, S., Samad, N., Ebrahimi, A.G., & Farnaz, A.T. (2009). Effect of gamma irradiation on physico-mechanical properties of spice packaging films. *Radiation Physics and Chemistry, 78(9),* 806-809. http://dx.doi.org/10.1016/j.radphyschem.2009.04.021

Marzouk, O.Y., Dheilly, R.M., & Queneudec, M. (2007). Valorization of post-consumer waste plastic in cementitious concrete composites. *Waste Management, 27,* 310-318. http://dx.doi.org/10.1016/j.wasman.2006.03.012

Ochi, T., Okubo, S., & Fukui, K. (2007). Development of recycled PET fiber and its application as concrete-reinforcing fiber. *Cement and Concrete Composites, 29,* 448-455. http://dx.doi.org/10.1016/j.cemconcomp.2007.02.002

Pilati, F., & Toselli, M. (2002). Chemical Recycling. En *Handbook of Plastics Recycling* (pp. 297-310). United Kingdom: Rapra Technology Limited.

Radwan, R.M. (2007). High gamma dose response of the electrical properties of polyethylene terephthalate thin films. *Nuclear Instruments and Methods in Physics Research Section B: Beam Interactions with Materials and Atoms, 262(2),* 249-254. http://dx.doi.org/10.1016/j.nimb.2007.05.020

Razek, T.M.A., Said, H.M., Khafaga, M.R., & El-Naggar, A.W. (2010). Effect of gamma irradiation on the thermal and dyeing properties of blends based on waste poly(ethylene terephthalate) blends. *Journal of Applied Polymer Science, 117(6),* 3482-3490.

San-José, J.T., Vegas, I., & Ferreira, A. (2005). Reinforced polymer concrete: Physical properties of the matrix and static/dynamic bond behaviour. *Cement and Concrete Composites, 27,* 934-944. http://dx.doi.org/10.1016/j.cemconcomp.2005.06.004

Shiv-Govind, P., Abhijit, D., & Udayan, D. (2011). Structural and optical investigations of radiation damage in transparent PET polymer films. *International Journal of Spectroscopy, 2011,* 1-7.

Siddhartha, Suveda, A., Kapil, D., Suresh-Kumar, R., Krishna, J.B., & Wahab, M.A. (2012). Effect of gamma radiation on the structural and optical properties of Polyethylene terephthalate (PET) polymer. *Radiation Physics and Chemistry, 81(4),* 458-462. http://dx.doi.org/10.1016/j.radphyschem.2011.12.023

Silva, D.A., Betioli, A.M., Gleize, P.J.P, Roman, H.R., Gómez, L.A., & Ribeiro, J.L.D. (2005). Degradation of recycled PET fibers in Portland cement-based materials. Cement *and Concrete Research, 35,* 1741-1746. http://dx.doi.org/10.1016/j.cemconres.2004.10.040

Stankovic, S.J., Ilic, R.D., Jankovic, K., Bojovic, D., & Loncar, B. (2010). Gamma Radiation Absorption Characteristics of Concrete with Components of Different Type Materials. *Acta Physica Polonica A, 117(5),* 812-816.

Tawfik, M.E., & Eskander, S.B. (2006). Polymer Concrete from Marble Wastes and Recycled Poly(ethyleneterephtalate). *Journal of Elastomers and Plastics, 38,* 65-79. http://dx.doi.org/10.1177/0095244306055569

Tóth, K., Czvikovszky, T., & Abd-Elhamid, M. (2004). Radiation-assisted PET recycling using glass fiber reinforcement and reactive additives. *Radiation Physics and Chemistry, 69(2),* 143-147. http://dx.doi.org/10.1016/S0969-806X(03)00447-X

Voda´k, F., Trtík, K.V., Sopko, O., & Kapickova, P. (2005). Effect of γ-irradiation on strength of concrete for nuclear-safety structures. *Cement and Concrete Research, 35,* 1447-1451. http://dx.doi.org/10.1016/j.cemconres.2004.10.016

Wang-Choi, Y., Dae-Joong, M., Jee-Seung, Ch., & Sun-Kyu, Ch. (2005). Effects of waste PET bottles aggregate on the properties of concrete. *Cement and Concrete Research*, *35,* 776-781. http://dx.doi.org/10.1016/j.cemconres.2004.05.014

Yun Wang, Ch., Dae Joong, M., Yong Jic, K., & Mohamed, L. (2009). Characteristics of mortar and concrete containing fine aggregate manufactured from recycled waste polyethylene terephthalate bottles. *Construction and Building Materials*, *23(8),* 2829-2835. http://dx.doi.org/10.1016/j.conbuildmat.2009.02.036

Zohdy, M.H. (2005). Cationization and gamma irradiation effects on the dyeability of polyester fabric towards disperse dyes. *Radiation Physics and Chemistry*, *73,* 101-110. http://dx.doi.org/10.1016/j.radphyschem.2004.07.002

Capítulo 7

Materiales Provenientes del Reciclamiento de Envases de Tetra Pak y su Uso en Concreto

Miguel Martínez-López[1], Gonzalo Martínez-Barrera[1], Carlos Eduardo Barrera-Díaz[2], Fernando Ureña-Nuñez[3]

[1]Laboratorio de Investigación y Desarrollo de Materiales Avanzados (LIDMA), Facultad de Química, Universidad Autónoma del Estado de México, Km.12 de la carretera Toluca-Atlacomulco, San Cayetano 50200, México.

[2]Centro Conjunto de Investigación en Química Sustentable UAEM-UNAM. Universidad Autónoma del Estado de México Campus El Rosedal. Autopista Ixtlahuaca-Atlacomulco, km 14.5, CP50200. Estado de México.

[3]Instituto Nacional de Investigaciones Nucleares, Carretera México-Toluca s/n, CP 52750. La Marquesa Ocoyoacac, Estado de México.

iqmiguel@hotmail.com, gonzomartinez02@yahoo.com.mx, cbd0044@yahoo.com, fernando.urena@inin.gob.mx

Doi: http://dx.doi.org/10.3926/oms.247

Referenciar este capítulo

Martínez-López, M., Martínez-Barrera, G., Barrera-Díaz, C.E., & Ureña-Nuñez, F. Materiales provenientes del reciclamiento de envases de Tetra Pak y su uso en concreto. En Martínez Barrera, G., Hernández Zaragoza, J.B., López Lara, T., & Menchaca Campos, C. (Eds.). *Materiales Sustentables y Reciclados en la Construcción*. Barcelona, España: OmniaScience. pp. 123-143.

1. Introducción

En la actualidad la industria requiere de materiales con propiedades muy particulares, que incluyen bajo peso, altamente resistentes y con prolongada vida útil. Propiedades que son consecuencia de la combinación de las propiedades características de dos o más materiales, y que se requieren para diversas aplicaciones (construcción, espaciales, subacuáticas, transportes, etc.).

En términos generales, se considera que un material compuesto es un material multifase que conserva una proporción significativa de las propiedades de las fases constituyentes de manera que presente la mejor combinación posible. De acuerdo con este principio de acción combinada, las mejores propiedades se obtienen por la combinación de dos o más materiales diferentes. Muchos materiales compuestos tienen propiedades excepcionales. Si bien algunos materiales compuestos son naturales (como la madera o el hueso), la gran mayoría de los materiales compuestos utilizados en la actualidad son diseñados y "fabricados" por el hombre.

La mayor parte de los materiales compuestos están formados por dos fases; matriz (fase continua) y refuerzo (fase dispersa). Las propiedades de los compuestos son función de las propiedades de las fases constituyentes, de sus proporciones relativas y de la geometría de las fases dispersas.

Se han combinado ciertos metales, cerámicos y polímeros para producir una nueva generación de materiales para mejorar la combinación de propiedades mecánicas tales como rigidez, tenacidad y resistencia a la tracción a temperatura ambiente y a elevadas temperaturas. Como material matriz se han empleado polímeros como resinas termoplásticas (polipropileno, poliamida, etc.) o bien termofijas (poliésteres, melaminas, poliuretanos, etc.). Así como algunas aleaciones metálicas como las de aluminio o titanio.

La fase dispersa puede estar constituida por partículas o por fibras. En el caso de las fibras los materiales empleados con mayor frecuencia son: vidrio, aramida o Kevlar, Carbono (nanotubos), Boro y Carburo de Silicio. La geometría de la fase dispersa significa, en este contexto, la forma, el tamaño, la distribución y la orientación de las partículas, como se puede observar en la Figura 1.

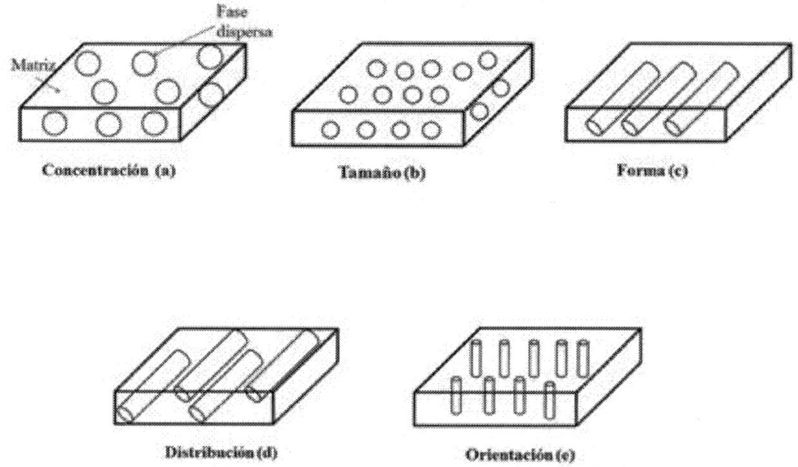

Figura 1. Geometría de la fase dispersa. a) concentración, b) tamaño, c) forma, d) distribución y e) orientación

La Figura 2 muestra un esquema simple para clasificar los materiales compuestos que, en esencia, consta de tres divisiones: compuestos reforzados con partículas, compuestos reforzados con fibras y compuestos estructurales.

Las partículas de la fase dispersa de los materiales compuestos reforzados con partículas son equiaxiales (es decir, las dimensiones de las partículas son aproximadamente iguales en todas las direcciones); la fase dispersa delos materiales compuestos reforzados con fibras tiene la geometría de una fibra (es decir, una relación longitud/diámetro muy alta). Los materiales compuestos estructurales son materiales compuestos combinados con materiales homogéneos.

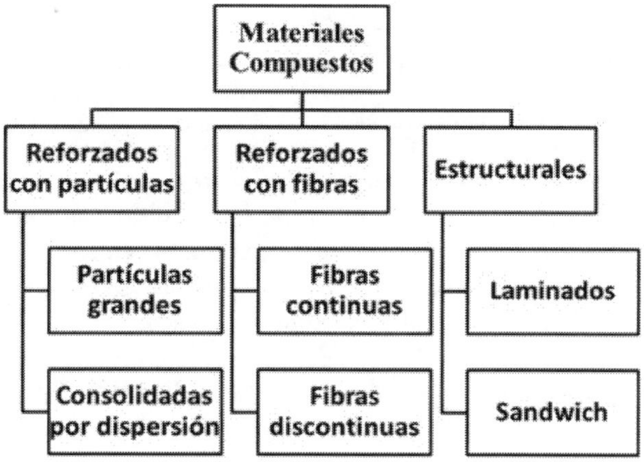

Figura 2. Clasificación de materiales compuestos

1.1. Interface Matriz-Refuerzo en Materiales Compuestos

Dos aspectos muy importantes en el desarrollo de materiales compuestos son: a) La unión entre el refuerzo y la matriz, y b) La transmisión de esfuerzos mecánicos entre el refuerzo y la matriz.

Además de las características del refuerzo y de la matriz, las propiedades de los materiales compuestos dependerán de cómo sea la interfase (la región de contacto) entre estos dos componentes. Si la interfase es débil, la transferencia de carga de la matriz al refuerzo no será eficiente y/o bien será la matriz la que termine soportando las cargas (y fallando, puesto que no es muy resistente), o se producirán huecos entre la matriz y las fibras, lo cual llevará a la rotura del material compuesto.

Lograr una buena adhesión entre la matriz y el refuerzo no es tarea fácil, ya que en general se trata de materiales diferentes (polímero, cerámico, metal), y una adecuada adhesión depende del contacto íntimo de los átomos en la superficie de uno y otro componente (Prikryl, Cech, Balkova & Venek, 2003) . Razón por la cual se ha desarrollado toda un área de aditivos que permiten mayor compatibilidad con la matriz, y aumenten la adhesión entre los componentes del material compuesto.

Se sugiere tener a la matriz en estado líquido e "impregnar" perfectamente al refuerzo. De esta forma se consigue una buena unión en la interfase. La impregnabilidad o mojado se define como la capacidad de un líquido para extenderse por una superficie sólida. Una buena impregnabilidad significa que la matriz fluirá perfectamente por la superficie del refuerzo y desplazará todo el aire. En general, cuando la tensión superficial del refuerzo es igual o mayor que la de la matriz, se garantiza una buena impregnación.

Existen diferentes tipos de unión en la interfase: a) *Unión mecánica*, en donde las rugosidades entre ambas superficies dan lugar a la unión. A mayor rugosidad más efectiva es la unión en la interfase. Este tipo de unión es poco efectiva para esfuerzos de tracción pero efectiva para esfuerzos cortantes; b) *Unión electrostática*, acontece cuando una de las superficies tiene carga positiva y la otra negativa; c)*Unión química*, se da cuando la superficie del refuerzo tiene grupos químicos compatibles con grupos químicos de la matriz. La resistencia de la unión depende del número de uniones por unidad de área; y d) *Unión mediante interdifusión*, en este tipo de unión la superficie del refuerzo y de la matriz tienen cadenas poliméricas que se difunden entre ellas. La resistencia de esta unión depende del número de entrelazamientos entre cadenas y aumenta con la adición de disolventes o plastificantes.

Las interacciones matriz/refuerzo en materiales compuestos con refuerzo de fibras pueden ser estudiadas a cuatro escalas distintas dependiendo del rango de distancias matriz/refuerzo en el que se produzcan: a) *A escala molecular* las interacciones entre las distintas fases están determinadas por las propiedades químicas de cada una de las fases, de manera que entre ellas se producen enlaces químicos, interacciones de tipo ácido-base y fuerzas de Van der Waalsb) *A escala microscópica,* las interacciones interfaciales se describen en función de ciertos parámetros cuando el material compuesto es sometido a algún esfuerzo; c) *A escala mesoscópica*se considera la influencia de la distribución del refuerzo en la matriz, mientras que d) *A escala macroscópica* se trata al material compuesto de manera global como si fuese una mezcla homogénea (Mäder, Zhandarov, Gao, Zhou & Nutt, 2002).

Otro planteamiento considera al material compuesto como un conjunto de tres partes: refuerzo (FI), agente de acoplamiento (SI) y matriz (MI). La modificación de la interfase a través de la modificación química o física de la superficie del refuerzo es uno de los métodos más comunes que se emplean con objeto de mejorar la adhesión matriz/refuerzo y mejorar las propiedades finales del material compuesto (Kim & Gao, 2000; Gonon, Chabert, Bernard, Van Hoyweghen & Gerard, 1997).

Existen diversos estudios sobre la variación de la resistencia de la interfase de materiales compuestos, en algunos de ellos se modifica la superficie del refuerzo por inclusión de un agente de acoplamiento silano y/o otros agentes compatibilizantes con distintos tipos de matrices. La modificación de la estructura superficial del refuerzo hace que la interfase generada sea más resistente, es decir, que tenga mayor capacidad para transferir cargas mecánicas desde la matriz al refuerzo. La inclusión del agente de acoplamiento sobre la superficie del refuerzo, además de mejorar las interacciones refuerzo/matriz, genera una superficie químicamente activa gracias a los grupos funcionales que pueden estar presentes en el silano. Estos grupos funcionales pueden interaccionar químicamente con la matriz o pueden servir como puntos de anclaje de marcadores (González-Benito, Cabanelas, Aznar, Vigil, Bravo & Baselga, 1996; Lenhart, Dunkers, Van Zanten & Parnas, 2000).

Es de suma importancia obtener información acerca de los mecanismos de generación de la interfase, lo que implica estudiar factores como la reactividad entre la matriz y la superficie del refuerzo, el grado de miscibilidad entre la matriz y el agente de acoplamiento, o la difusión preferencial de algunos componentes de la matriz hacia la superficie del refuerzo (Olmos & González-Benito, 2010).

2. Envases Tetra Pak

En los años 50's Ruben Rausing diseño los envases de Tetra Pak siguiendo uno de los fundamentos de la sustentabilidad: ahorrar más de lo que cuesta, en el aspecto económico, ambiental y social.

Con el desarrollo de la industria del plástico se ha promovido indiscriminadamente el uso de envases de Tetra Pak, los que después de una muy corta vida útil se convierten en basura, contribuyendo a deteriorar el medio ambiente. Una vez que cumplió su función como contenedor para alimentos presenta un valor agregado, ya que puede: a) ser incinerado para producir energía, b) reciclado, para la fabricación de papel, y c) utilizado para fabricación de láminas y productos aglomerados.

Los envases de Tetra Pak se reciclan de diferentes maneras. El proceso general comienza con el acopio de los envases Tetra Pak para su posterior "repulpeado". En este proceso se logra separar los envases en dos componentes: a) celulosa y b) polietileno-aluminio. Estos materiales se pueden comprimir para formar material aglomerado o separarlo en sus diferentes componentes para la fabricación de otros productos (Figura 3).

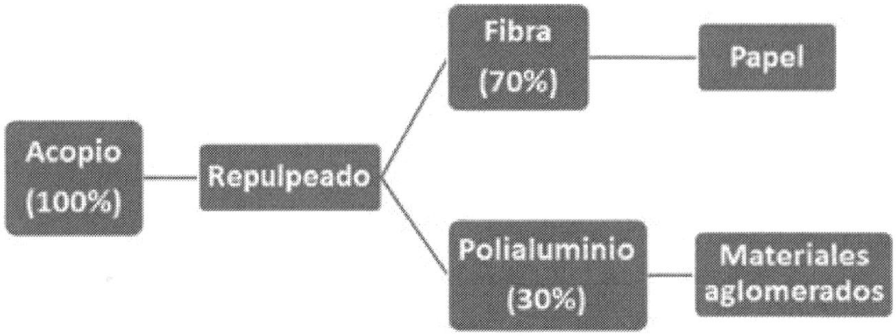

Figura 3. Reciclaje de envases Tetra Pak

En 2012 Tetra Pak produjo 173,234 millones de envases para 170 países. Tiene en operación 8707 máquinas de envasado y 67 mil unidades de procesamiento, además de 11 centros de investigación y desarrollo y reporto más de 11 mil millones de euros en ventas en 2012 (http://www.tetrapak.com).

En 2013, la tasa de reciclaje de envases de Tetra Pak en el mundo alcanzó un 24,5% con casi 43 mil millones de envases reciclados. Respecto a México, esta tasa se ha incrementado notablemente. En el 2003 el porcentaje de reciclaje era de 0.9% mientras que para 2013 se incrementó hasta 24% (http://www.tetrapak.com).

A la fecha, las escasas tecnologías que existen para el reciclaje de envases de Tetras Pak están basadas en la molienda mecánica y el uso de sustancias químicas para la reducción de tamaño y la separación de los materiales respectivamente. No se han propuesto tecnologías limpias para el reciclaje.

Los envases de Tetra Pak para bebidas están constituidos de papel (75%), polietileno de baja densidad (20%) y aluminio (5%); y conformados por 6 capas (Figura 4), cuyas funciones son:

- Primera capa: Polietileno (protege el envase de la humedad exterior).
- Segunda capa: Papel (brinda resistencia y estabilidad).
- Tercera capa: Polietileno (ofrece adherencia fijando las capas de papel y aluminio).
- Cuarta capa: Aluminio (evita la entrada de oxígeno, luz y pérdida de aromas).
- Quinta capa: Polietileno (evita que el alimento esté en contacto con el aluminio).
- Sexta capa: Polietileno (garantiza por completo la protección del alimento).

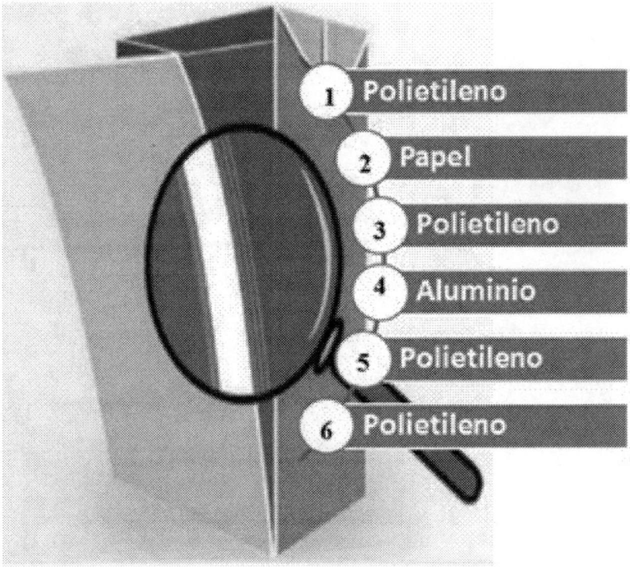

Figura 4. Envase Tetra Pak

El papel utilizado en la elaboración de envases Tetra Pak es celulosa $(C_6H_{10}O_5)_{200}$ la cual se forma por la unión de moléculas de β-glucopiranosa mediante enlaces β-1,4-O-glucosídico.

Las propiedades del polietileno, aluminio y polialuminio utilizado en la elaboración de envases se muestra en las Tablas 1, 2 y 3.

Propiedad	**Valor**
Punto de Fusión, ºC	110
Densidad	
a 20ºC	0.92
a 50ºC	0.90
a 80ºC	0.87
a 110ºC	0.81
Módulo de Young, Kg/cm^2	1.6
Resistencia a la tracción a 20 ºC, Kg/cm^2	150
Dureza Brinell (bola de 2 mm de diám. y 3 kg)	2

Tabla 1. Propiedades físicas y mecánicas del polietileno

Propiedad	**Valor**
Densidad, kg/cm^3	2.69
Punto de fusión, °C	660
Punto de ebullición, °C	2.51
Conductividad eléctrica, S/m	37.7×10^6
Conductividad térmica, W/(K·m)	237
Módulo elástico, GPa	70

Tabla 2. Propiedades del aluminio

Propiedades	Valor
Tensión a la ruptura, MPa	10.9
Elongación a la ruptura, %	38.8
Modulo elástico, MPa	177.6
Resistencia al impacto Izod, MPa	302.0
Conductividad eléctrica, S/cm	1.11×10^{-8}
Densidad, g/cm^3	0.9

Tabla 3. Propiedades del polietileno-aluminio de los envases de Tetra Pak

2.1. Reciclamiento de Envases de Tetra Pak

Cada año, Tetra Pak produce más de 170 mil millones de empaques para contener toda clase de productos, los cuales se distribuyen en más de 170 países. Su uso y comercialización generan una gran cantidad de residuos. Con el propósito de reutilizar los materiales que lo conforman, desde hace varios años se han presentado diversas propuestas para su reciclaje, debido al gran interés desde el punto de vista económico y ambiental. El reciclaje a nivel mundial de envases post-consumo de Tetra Pak se ha incrementado en los últimos años. Durante los años 2011 y 2012 se reciclaron 3.6 billiones de envases de Tetra Pak (http://www.tetrapak.com).

El proceso más conocido para reciclar los envases multicapases el hidropulpado (Figura 5). En éste, las capas de polietileno y aluminio (polialuminio) se separan mecánicamente del cartón en un hidropulpeador; obteniéndose fibras de celulosa de alta calidad, que se utilizan en la producción de papel y cartón; el polialuminio representa el 25% del material reciclado, el cual se puede utilizar como materia prima para diferentes procesos de transformación de plástico, tales como: extrusión, moldeo por compresión, fabricación de materiales compuestos, mezclas con otros polímeros, roto-moldeo e inyección de plásticos (Atilla, Murathan, Guru & Balbasi, 2007; Korkmaz, Yanik, Brebu & Vasile, 2009).

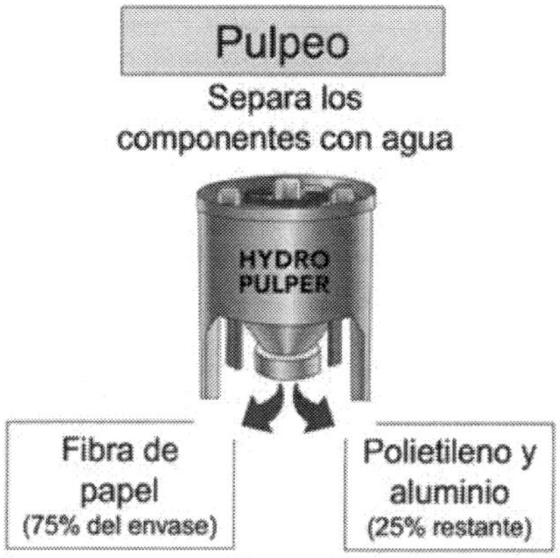

Figura 5. Hidropulpeador

La recuperación de polietileno-aluminio resulta atractiva para muchos empresarios cuando se recuperan grandes cantidades de este material; Otros procesos para la separación del aluminio del polietileno son:

- El reciclado mecánico que permite que el polialuminio se separe, y sirva como materia prima para producir artículos de plástico como paneles y cepillos.
- El uso del plasma térmico; tecnología que utiliza energía eléctrica para producir un chorro de plasma a 15,000°C. El calor ioniza la mezcla de plástico-aluminio, y da como resultado la transformación del plástico en parafina, y la recuperación del aluminio en su forma pura (http://www.tetrapak.com).
- La incineración del polialuminio en hornos para producir energía y utilizarla en la industria del cemento; es decir el polialuminio es una alternativa de combustible, en sustitución del carbón. Durante el proceso de generación de energía se produce óxido de aluminio, material que se requiere para la fabricación de cemento. Esta operación significa ahorro de materias primas. Cabe mencionar que en el proceso normal de producción de cemento se utiliza la bauxita, la cual al calentarse produce óxido de aluminio ((http://www.tetrapak.com).
- Mediante pirólisis se separan estos materiales, recuperando aluminio de calidad. El polialuminio alimente a un horno rotativo donde el material se calienta en un ambiente inerte para evitar la combustión del polímero. El resultado de este proceso consiste en bloques de aluminio y gases pirolíticos de polímero (Korkmaz et al., 2009).

Algunas empresas han creado equipos para limpiar el polialuminio después del proceso de reciclado. Estos equipos permiten una mayor efectividad en la recuperación de fibras y al mismo tiempo proveen polialuminio de mayor calidad para moldeo por inyección. Con estos materiales se han elaborado láminas que se utilizan para producir tejas de bajo costo para viviendas.

3. Concreto Modificado con Materiales de Desecho

3.1. Concreto Hidráulico

Uno de los materiales compuestos por excelencia es el concreto, por mucho, el material de construcción más importante. A nivel mundial, más de 10 mil millones de toneladas se producen cada año. Su importancia radica en ser un material de ingeniería, lo que significa que puede ser diseñado para satisfacer casi cualquier conjunto de especificaciones de rendimiento, más que cualquier otro material disponible actualmente (Hardjito, 2008).

Pero esta popularidad viene con un alto precio, que es a menudo pasado por alto: sólo para los volúmenes absolutos que se producen cada año, el concreto tiene un enorme impacto en el medio ambiente. En primer lugar, están las grandes cantidades de recursos naturales necesarios para producir estos miles de millones de toneladas de los componentes del concreto al año. Por ejemplo, se sabe que la producción de cada tonelada de cemento Portland libera casi una tonelada de dióxido de carbono (CO_2) a la atmósfera, aunado al gran consumo de agua y energía. Se estima que, en todo el mundo, la industria del cemento es responsable de aproximadamente el 7% de todo el CO_2 generado (Hardjito, Cheak & Ho Lee, 2008; Aggarwal, Gupta & Sachdeva,

2012). Un problema que a la larga genera es su demolición y eliminación de estructuras de concreto, pavimentos, etc, mismos que crean una carga ambiental, aportando una fracción considerable de los residuos sólidos en los países desarrollados.

La industria del concreto se ha convertido en una víctima de su propio éxito y por lo tanto ahora se enfrenta a grandes retos. En los últimos años se ha interesado en desarrollar novedosas investigaciones en temas relacionados con la construcción sostenible. Se han propuesto diferentes herramientas y estrategias para cumplir con los desafíos ambientales que representa, los cuales se pueden resumir, entre otras, en:

- Aumentar el uso de materiales de desecho, especialmente aquellos que son subproductos de procesos industriales.
- Uso de materiales reciclados en lugar de los recursos naturales, esto hará que la industria sea más sostenible.
- Mejorar la durabilidad, las propiedades mecánicas y de otro tipo, mediante la reducción de la cantidad de materiales necesarios para su sustitución.

El uso de agregados reciclados en la elaboración de concreto permitirá solucionar entre otros: a) Problemas de contaminación ambiental: al aceptar materiales de demolición y plásticos desechados que no son reciclados debido al alto costo; b) Ahorros económicos: se reducirán los costos de transporte (menor consumo de combustibles y menor producción gases contaminantes); c) Ahorro de energía: por la menor explotación de canteras y lechos de dominio público; d) Consumo de materiales no renovables.

Dentro de los materiales reciclados que se utilizan en concretos se encuentran: vidrio reciclado, plásticos, elastómero de los neumáticos, desechos de madera, residuos agrícolas y fibras de acero. Materiales que si no se reúsan tendrían que ir directamente a los vertederos.

Los plásticos vienen en muchas formas diferentes y diversas formulaciones químicas. Esto complica el proceso de reciclaje debido a que los diferentes tipos de plásticos son generalmente mezclados, ya que es poco rentable separarlos. Muchos plásticos se pueden reciclar de nuevo en materia prima para ser utilizados para la fabricación de materiales termoestables o diferentes plásticos. Sin embargo, la calidad es menor y menos uniforme que la del material virgen, por lo tanto, los fabricantes generalmente prefieren darle usos alternativos, por ejemplo como "madera" de construcción plástica.

Un obstáculo importante para el uso de plástico reciclado en el concreto hidráulico es la pobre adhesión entre las partículas de plástico y la matriz de cemento. Sin embargo, no todas las construcciones requieren de concretos con alta resistencia, por lo que se presenta una gran oportunidad para el uso parcial de plásticos reciclados como sustitutos de agregados en la industria del concreto. Se ha creado la necesidad de plantear investigaciones de bajo costo para desarrollar métodos de sustitución de los agregados minerales del concreto por plástico reciclado.

Se han llevado a cabo estudios sobre el reforzamiento de concreto con materiales de desecho. En uno de estos se utilizó el plástico de defensas de autos como sustituto del agregado grueso; obteniéndose disminución en la resistencia a la compresión, esto a causa de la pobre adhesión entre el plástico y la matriz del concreto. En otro estudio se agregaron materiales combinados, por ejemplo un agente espumante y un bioplástico; sin embargo los costos de preparación y evaluación son costosos.

Mostafizur Rahman (Rahman, Islam, Ahmed & Salam, 2012) estudió los efectos causados por materiales poliméricos reciclados como sustitutos de los agregados en el concreto, en particular los polímeros: poliuretano-formaldehído (PUF) proveniente de envases, y polietileno de alta densidad (HDPE) proveniente de actividades comerciales. Los resultados muestran que la inclusión de estos materiales reciclados disminuyen significativamente la densidad, la porosidad y la absorción de agua de los bloques de concreto y mampostería. El concreto elaborado con PUF tiene menor densidad que el elaborado con HDPE, el cual se recomienda utilizar en estructuras flotantes y construcciones que requieran de materiales ligeros.

Para mejorar las propiedades mecánicas del concreto sin incrementar los costos pueden utilizarse minerales de desecho de las industrias. Por ejemplo, las cenizas pueden sustituir parcialmente al cemento debido a sus propiedades. Algunas ventajas de las cenizas en comparación con el cemento ordinario, son tener un menor calor de hidratación, debida que la reacción química es retardada y diferente; así como, presentar incremento de la homogeneidad debido a la eliminación de hidróxido de calcio. El calor de hidratación se puede mantener por debajo de los 15°C y con ello disminuir las tensiones térmicas y mantenerlas por debajo de la fuerza de agrietamiento de los concretos jóvenes. Hong Kong es el líder en esta tecnología y ha logrado sustituir el 93.7% del cemento en diversas construcciones.

El vidrio puede ser utilizado como un agregado en el concreto, pero debe estar sujeto a las mismas especificaciones que la de los agregados naturales, por ejemplo, uno de los requisitos es estar libre de cantidades perjudiciales de impurezas orgánicas; lo que implica que el vidrio debe lavarse correctamente. El vidrio tiene la capacidad de no absorber agua, esto es una ventaja para concretos con aplicaciones específicas. Debido a la falta de absorción de agua y las superficies lisas de las partículas de vidrio utilizadas en el concreto, las propiedades de flujo son mejores que las de concreto con agregados naturales. Esto se traduce en una mejor trabajabilidad y una menor relación agua-cemento; además de obtenerse mejoramiento en la resistencia mecánica y propiedades como la durabilidad (sin la ayuda de un superplastificante). Otra ventaja del vidrio es su excelente dureza y resistencia a la abrasión lo que lo hace un material adecuado para adoquines, baldosas, y otras aplicaciones sometidas a un gran desgaste por el uso.

El concreto reforzado con fibras se utiliza cada vez más en toda la industria de la construcción. La adición de grandes cantidades de fibras cortas y uniformemente dispersadas, tiene el efecto de modificar las propiedades de la matriz de concreto. Las principales ventajas son mejora en la ductilidad y la capacidad de disipación de energía, que han sido ampliamente documentados en la literatura. Quizás aún más importante es el papel que juegan las fibras para controlar las fisuras de la matriz de concreto. Las fibras retardan la generación y propagación de las grietas, por lo que la permeabilidad del concreto puede ser conservada, lo que se traduce en una mayor durabilidad. Los tipos más comunes de fibras son de acero, polipropileno, nylon y las resistentes a los álcalis como son las fibras de vidrio. Todas estas fibras se fabrican usualmente de material virgen. Sin embargo, las fibras provenientes de materiales reciclados podrían mejorar algunas propiedades mecánicas de concretos.

3.2. Concreto Polimérico

De los materiales de construcción existentes, el concreto hidráulico a base de cemento Portland (CCP), es el material más utilizado para construcciones en el mundo. No obstante, presenta algunas desventajas como alto grado de porosidad que afecta directamente su rendimiento y limita sus aplicaciones; la débil adherencia a ciertos materiales; baja resistencia a medios agresivos y al agua salada; así como pobre aislamiento eléctrico. Razones por las cuales se han buscado y propuesto tecnologías alternas que toman en cuenta otros materiales, como los polímeros.

El Concreto Polimérico (CP) es un material compuesto que consta de la mezcla de una resina termoestable y agregados minerales, a diferencia del agua y el cemento tipo Portland utilizados en la elaboración del cemento hidráulico. En la actualidad el concreto polimérico se emplea en el área de la construcción para la elaboración de pisos industriales, mesones para baños y cocinas, saunas, tanques para almacenamiento de agua y prefabricados para el campo de la construcción; igualmente se usa en aplicaciones eléctricas tales como: aisladores para transmisión de alta tensión, soporte para aislamiento de bujes, núcleos sólidos para aislamiento (Mayra, Valencia & Mina, 2010).

Las características y propiedades (Tabla 4),de los concretos poliméricos son:

- Ligereza: de una decima parte a una tercera parte del peso del concreto hidráulico.
- Alta resistencia: Resistencia a la compresión, flexión y tracción desde tres hasta cinco veces mayor que la del concreto hidráulico.
- Menores costos de instalación - fácil de manejar, no son necesarios equipos especiales.
- Estable bajo condiciones de congelación / descongelación.
- Baja absorción de agua: menor del 1% según la norma ASTM D-570.
- Resistente a la corrosión: Resistente a ataques químicos, al ambiente y otras formas de deterioro.
- Rentable: Supera a los materiales convencionales por más tiempo de vida útil.
- No conductor: No requieren de conexión a tierra.

Propiedad	**Valor**
Resistencia a la compresión, kg/cm^2	900-1500
Resistencia a la tensión, kg/cm^2	120-190
Resistencia a la tensión, kg/cm^2	190-300
Peso específico, kg/dm^3	1.8-2.3
Módulo de elasticidad, kg/cm^2	$0.4\text{-}0.45 \times 10^6$
Absorción de agua, %	0.3-0.6
Conductividad térmica, Kcal/mh°C	0.8-2.6
Resistencia a la abrasión, cm^3/cm^2	0.025
Resistencia a la temperatura, °C	-40 -100

Tabla 4. Propiedades del Concreto Polimérico

Las matrices utilizadas en concretos poliméricos sonplásticos termoestables, tales como resinas epoxi, resinas de poliéster ortoftálicas, de poliéster isoftálicas, vinil éster o bisfenólicas; las de poliéster son las más ampliamente utilizadas (Tabla 5).

Tipo	Dureza Barcol	Resistencia a la Tensión (MPa)	Módulo de Tensión (GPa)	Elongación (%)	Resistencia a la Flexión (MPa)	Módulo de Flexión (GPa)	Resistencia a la Compresión (MPa)
Ortoftálica	...	55	3.45	2.1	80	3.45	...
Isoftálica	40	75	3.38	3.3	130	3.59	120
BPA	34	40	2.83	1.4	110	3.38	100
Vinil Ester	35	80	3.59	4.0	140	3.72	...

Tabla 5. Propiedades mecánicas de resinas de poliéster

El concreto polimérico es de tres a cinco veces más resistente que el concreto hidráulico ha alcanzado valores de hasta 150 MPa (Martínez-Barrera, Villareal, Vigueras-Santiago, Hernandez-Lopez & Brostow, 2008), pero su fragilidad en el punto de fallaha limitado su utilidad en aplicaciones donde intervienen grandes cargas, por lo que es necesario mejorar la rigidez y el comportamiento esfuerzo-deformación, primordialmente en lo referente al módulo de Young. Para solucionar este problema se han propuesto: a) llevar a cabo procesos de post-curado, consistente en calentar a cierta temperatura el concreto por determinado tiempo, realizándolo por etapas, o bien b) reforzarlo con fibras, entre las que se encuentran las fibras sintéticas o las naturales; cuya influencia se ve reflejada en el mejoramiento de propiedades como la rigidez y la ductilidad (Martínez-Barrera, Vigueras-Santiago, Martínez-López, Ribeiro, Ferreira & Brostow, 2013).

Uno de los problemas asociados con el uso de resinas de poliéster en la elaboración de concretos poliméricos es su contracción volumétrica de 6 a 8% durante el curado. Esto limita tener una superficie de alta calidad, así como adecuada estabilidad dimensional. Razón por la cual, las propiedades físicas de concretos a base de resina poliéster son controladas por el material de refuerzo (Davallo, Pasdar & Mohseni, 2010).

En concretos poliméricos también se han realizado estudios con materiales reciclados. João Marciano (Reis, 2009) estudió el comportamiento mecánico de concretos elaborados con resina poliéster, arena virgen y arena reciclada proveniente de procesos de fundición (metalúrgicos). Los resultados muestran mejor comportamiento mecánico, principalmente en la resistencia a la compresión, que el concreto polimérico elaborado con arena reciclada. También João y Marco (Reis, Silva-Nunes & Cerri-Triques, 2009) estudiaron el efecto de fibras textiles de poliéster recicladas procedentes de la industria del vestido. Se analizaron las propiedades mecánicas, la fractura y la propagación de grietas del concreto polimérico. Los resultados muestran mejoramiento en propiedades mecánicas con el uso de las fibras recicladas.

4. Caso de Estudio: Concreto Reforzado con Materiales Reciclados de Tetra Pak

Son escasos los estudios que involucran el uso de los materiales de reciclo de envases de Tetra Pak. No obstante, M. Hidalgo (Hidalgo, 2011) estudió la viabilidad del uso de polietileno de baja densidad (LDPE) y el aluminio reciclados de envases Tetra Pak para la fabricación de tableros rígidos utilizando una prensa caliente. El polietieleno-aluminio es se modificado al compactarlo a 46 Psi de presión y una temperatura de 180°C. Los resultados muestran mayor resistencia a la tracción y menor absorción de agua; con los cuales los tableros producidos pueden ser utilizados en la fabricación de bobinas de cable.

Hashem Rhamin (Rahamin, Madhoushi, Tabarsa & Firuzabad, 2013) publicó un estudio sobre la elaboración de paneles con densidad de 1 g/mm^3 a partir de envases Tetra Pak. El material compuesto fue elaborado con laminillas de 5x5 cm de Tetra Pak y resina de Melanina Urea Formaldehido (MUF). Se utilizaron tres diferentes concentraciones (0, 9 y 12 %) con dos tiempos de prensado (10 y 12 min). Se evaluaron las propiedades físicas y mecánicas (absorción de agua, hinchamiento, módulo de ruptura, módulo de elasticidad). Los resultados muestran mejoramiento en las propiedades mecánicas.

En un estudio realizado por los autores, se evaluó el efecto de las partículas de Tetra Pak en concretos poliméricos. Se realizaron ensayos de compresión y flexión, así como el cálculo del módulo de Young; con la finalidad de conocer el efecto de las partículas en la deformación.

Las probetas de concreto polimérico se elaboraron con resina poliéster insaturada ortoftálica y arena sílice. Cuyas propiedades se mencionan en las Tablas 6 y 7.

Propiedades	**Especificaciones**
No volátiles	60 – 64 %
Viscosidad Brookfield	100 cPs
Número ácido base solución	12 – 26 mg KOH /g muestra
Tiempo de gel	6 – 8 minutos
Temperatura de exotermia	145 – 163 °C
Tiempo de curado (máximo)	16 minutos
Peso específico	9.10 – 9.30 lb/gal
Estabilidad a105 °C (mínimo)	4 horas

Tabla 6. Propiedades de resina poliéster insaturado

Propiedad	**Valores**
Densidad aparente, (g/cm^3)	1.56
Densidad de partículas, (g/cm^3)	2.6
Dureza (escala de Mohs)	7.0
Diámetro promedio D50, (μm)	245

Tabla 7. Propiedades físicas de la arena sílice

Las probetas de concreto polimérico se elaboraron con 80% de arena sílice y 20% de resina poliéster, y con diferentes porcentajes de partículas de Tetra Pak (2, 4 y 6 % en peso). Como se muestra en La Tabla 8.

Probeta (Código)	Resina	Arena	Partícula
CP0	20.0	80.0	0.0
CP2	20.0	78.0	2.0
CP4	20.0	76.0	4.0
CP6	20.0	74.0	6.0

Tabla 8. Composición de las mezclas de concreto polimérico (% en volumen)

Para comenzar la polimerización de la resina, se agregó 2% en peso de peróxido de metiletil cetona por cada 100 g de resina.

4.1. Resistencia a la Compresión

La evaluación de la resistencia mecánica a la compresión de las probetas de concreto polimérico se realizó en una Maquina Universal de Pruebas marca Controls^{MR}.

En general, la resistencia a la compresión de concretos poliméricos disminuye al incrementar la concentración de partículas de Tetra Pak (Figura 6). La resistencia a la compresión del concreto control (sin partículas) es de 90 MPa. La disminución de la resistencia va desde 7% hasta 27%, para concentraciones de partículas del 2 y 6%, respectivamente.

En cuanto al tamaño de las partículas, para cada concentración se observan solo ligeras variaciones en los valores. Por lo tanto, el tamaño de partícula no tiene gran influencia en la resistencia a la compresión.

El cambio en la resistencia del concreto polimérico se atribuye a los fenómenos que se presentan en la interface entre el concreto polimérico y las partículas de Tetra Pak, teniéndose: a) transferencia ineficiente de esfuerzos; b) pobre interacción entre los componentes de concreto polimérico (resina de poliéster y sílice) y capas de polietileno de los envases Tetra Pak y c) pobre adhesión entre la matriz que es de poliéster (hidrofóbica) y la celulosa (hidrofílica) de los envases Tetra Pak).

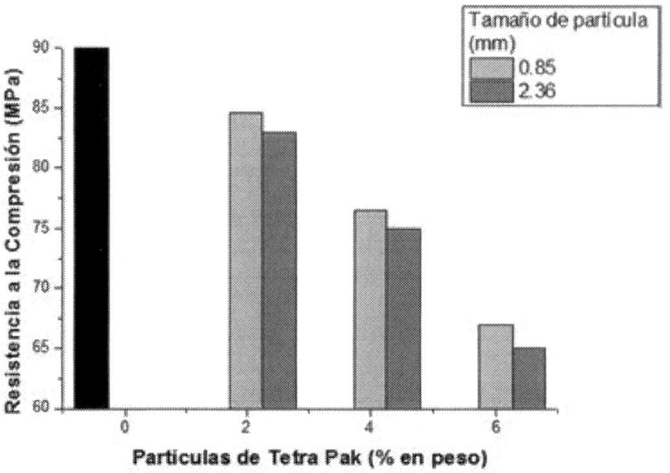

Figura 6. Resistencia a la compresión de concretos poliméricos con partículas de Tetra Pak

A pesar de que las partículas de Tetra Pak son sometidas a un proceso de secado antes de la preparación de las probetas de concreto, no es posible eliminar completamente la humedad de la celulosa. Esta humedad puede actuar como un agente de separación en la interfase entre las partículas de Tetra Pak y la matriz de resina.

4.2. Deformación en el Punto de Máximo Esfuerzo en Compresión

La deformación en el punto de máximo esfuerzo en compresión (Figura 7) disminuye con el incremento de partículas. La deformación del concreto control es de 0.0036 mm/mm. La deformación disminuye hasta un 15% para la concentración de partículas más alta de 6%.En general, no hay variaciones significativas en los valores respecto al tamaño de partícula.

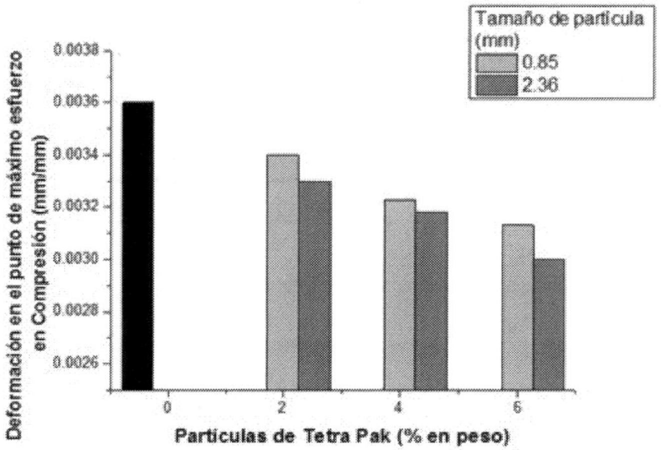

Figura 7. Deformación en el punto de máximo esfuerzo de concretos poliméricos con partículas de Tetra Pak

4.3. Resistencia a la Flexión

La resistencia a la flexión disminuye con el incremento de la concentración y tamaño de partículas de Tetra Pak. La resistencia disminuye hasta 21% para una concentración de partículas del 6%. Por otra parte, el tamaño de partícula tiene un efecto moderado en la resistencia a la flexión del concreto polimérico. La disminución en los valores de la resistencia a la flexión se debe a la ineficiente transferencia de cargas entre las partículas de Tetra Pak y la matriz polimérica por la débil interacción que existe entre ellas.

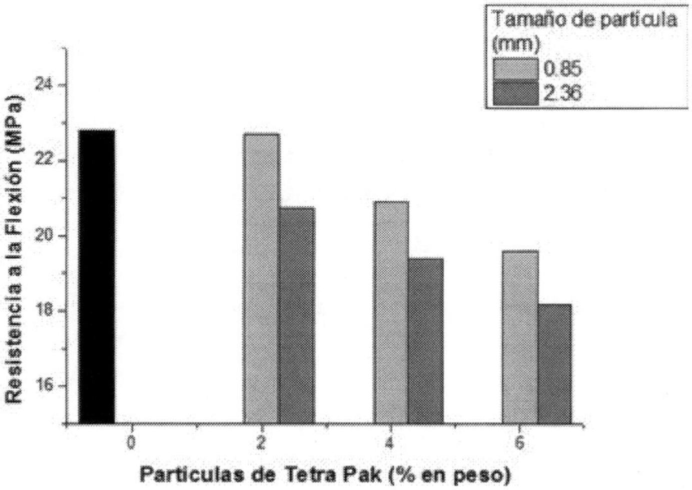

Figura 8. Resistencia a la Flexión de concretos poliméricos con partículas de Tetra Pak

4.4. Deformación en el Punto de Máximo Esfuerzo en Flexión

La deformación debido a esfuerzos de flexión disminuye cuando se incrementa la concentración de Tetra Pak pero sólo para tamaños de partícula mayores (2.36 mm). La deformación del concreto control es de 0.56 mm. Esta misma deformación se presenta para concentraciones de 2 y 6% de partículas de 0.85 mm.

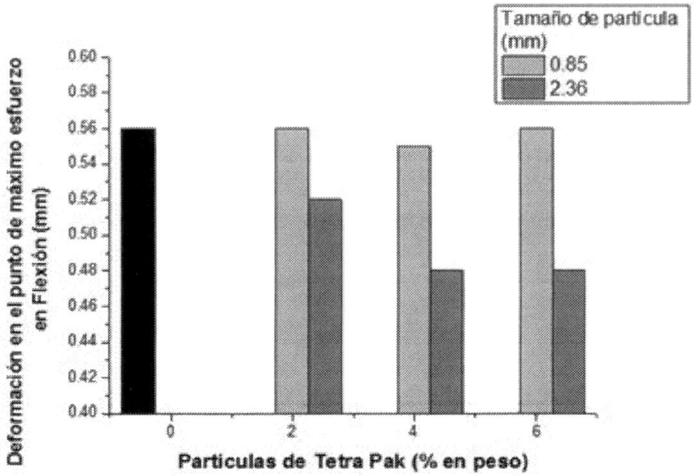

Figura 9. Deformación en el punto de máximo esfuerzo de concretos poliméricos con partículas de Tetra Pak

La deformación de concretos con tamaños de partícula de 0.85 mm es igual a la deformación del concreto control. Esto se atribuye a la mejor distribución de las partículas debido a su menor tamaño en comparación con los otros tipos de concreto (2.36 mm de tamaño de partícula).

4.5. Módulo de Young

El valor del módulo de Young es de 33 GPa para el concreto control. Este valor disminuye 10% para 6% de partículas de Tetra Pak (Figura 10). La disminución de estos valores se atribuye a la humedad presente en la celulosa de las partículas de Tetra Pak, que no permite la transferencia eficiente de esfuerzos entre los componentes del concreto. Es importante mencionar que durante la elaboración de las probetas de concreto polimérico se alcanzan temperaturas superiores a 130°C debido a la polimerización exotérmica de la resina, de modo que la humedad presente en la celulosa puede evaporarse y producir poros en la matriz polimérica, lo que puede modificar las propiedades mecánicas del concreto polímero y en consecuencia el módulo de Young.

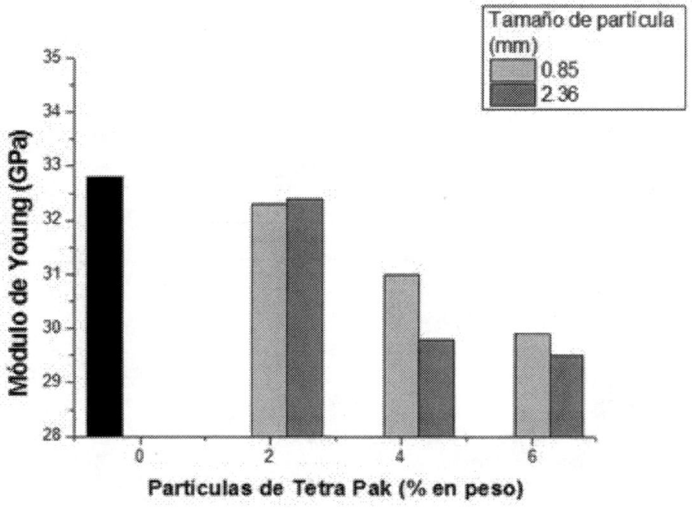

Figura 10. Módulo de Young de concretos poliméricos con partículas de Tetra Pak

5. Conclusiones

Son evidentes los esfuerzos de investigadores por utilizar materiales reciclados de los envase de Tetra Pak en el concreto, no obstante se requiere un número mayor de investigaciones sobre el tema. En el caso de estudio presentado se observa que las partículas de Tetra Pak reciclados disminuyen gradualmente las propiedades mecánicas del concreto polimérico. La resistencia a la compresión disminuye 6% pero la resistencia a la flexión sólo 0.1% respecto al concreto sin partículas recicladas. Más aún la deformación de los concretos respecto a esfuerzos de flexión es casi constante, es decir se ha logrado disminuir los valores en flexión, lo que indica que el concreto tiende a ser más elástico. Prueba de ello es la disminución del módulo de Young, el parámetro más importante para diagnosticar la dureza o flexibilidad de un material. Futuras investigaciones estarán enfocadas al estudio de la adhesión entre las partículas de Tetra Pak y la matriz polimérica, con la cual, en principio, es posible mejorar la transferencia de esfuerzos entre ambos materiales.

Agradecimientos

A la Universidad Autónoma del Estado de México (UAEM) por el apoyo económico a través del proyecto UAEM 3408/2013M (Megaproyecto). Así como al Consejo Nacional de Ciencia y Tecnología de México (CONACYT), por la beca mixta otorgada para la realización de una estancia de investigación en Brasil a Miguel Martínez López, alumno del Doctorado en Ciencias Ambientales de la UAEM.

Referencias

Aggarwal, V., Gupta, S.M., & Sachdeva, S.N. (2012). High volume fly ash concrete: a green concrete. *Journal of Environmental Research and Development, 6(3),* 884-887.

Atilla, M., Murathan, A.S., Guru, M., & Balbasi, M. (2007). Manufacturing low density boards from waste aluminium. *Materials and Design, 28(7),* 2215-2217. http://dx.doi.org/10.1016/j.matdes.2006.06.014

Davallo, M., Pasdar, H., & Mohseni, M. (2010). Mechanical Properties of Unsaturated Polyester Resin. *International Journal of ChemTech Research, 2(4),* 2113-2117.

Gonon, L., Chabert, B., Bernard, A., Van Hoyweghen, D., & Gerard, J.F. (1997). New Coupling Agents as Adhesion Promoters at the Poly(Phenylene Sulfide)/Glass Interface-Studies with Micro and Macro Composites. *The Journal of Adhesion, 61(4),* 271-292. http://dx.doi.org/10.1080/00218469708010526

González-Benito, J., Cabanelas, J.C., Aznar, A.J., Vigil, M.R., Bravo, J., & Baselga, J. (1996). Surface characterization of silanized glass fibers by labeling with environmentally sensitive fluorophores. *Aplied Polymer, 62(2),* 375-384.

Hardjito, D., Cheak, C.C., & Ho Lee, C.H. (2008). Strength and Setting Times of Low Calcium Fly. *Modern Applied Science, 2(4),* 3-11. http://dx.doi.org/10.5539/mas.v2n4p3

Hidalgo, M. (2011). Manufacturing rigid board by packaging waste containing aluminum and polyethylene. *Journal of Scientific & Industrial Research, 70(3),* 232-234.

Kim, J.K., & Gao, S.L. (2000). Interface adhesion and interlaminar fracture resistance of carbon/PEEK composites influenced by cooling rate. *Key Engineering Materials, 187(2),* 1063-1068. http://dx.doi.org/10.4028/www.scientific.net/KEM.183-187.1063

Korkmaz, A., Yanik, J., Brebu, M., & Vasile, C. (2009). Pyrolysis of the Tetra Pak. *Waste Management, 29(11),* 2836-2841. http://dx.doi.org/10.1016/j.wasman.2009.07.008

Lenhart, J.L., Dunkers, J.P., Van Zanten, J.H., & Parnas, R.S. (2000). Characterization of sizing layers and buried polymer/sizing/substrate interfacial regions using a localized fluorescent probe. *Journal of Colloid and Interface Science, 257(2),* 398-407. http://dx.doi.org/10.1016/S0021-9797(02)00035-8

Mäder, E., Zhandarov, S., Gao, S.L., Zhou, X.F., & Nutt, S.R. (2002). Bond strength measurement between glass fibers and epoxy resin at elevated temperatures using the pull-out and push-out techniques. *The Journal of Adhesion, 78(7),* 547-569. http://dx.doi.org/10.1080/00218460213737

Martínez-Barrera, G., Vigueras-Santiago, E., Martínez-López, M., Ribeiro, M.C., Ferreira, A.J.M., & Brostow, W. (2013). Luffa fibers and gamma radiation as improvement tools of polymer concrete. *Construction and Building Materials, 47,* 86-91. http://dx.doi.org/10.1016/j.conbuildmat.2013.05.038

Martínez-Barrera, G., Villareal, U., Vigueras-Santiago, E., Hernandez-Lopez, S., & Brostow, W. (2008). Compressive Strength of Gamma-Irradiated Polymer Concrete. *Polymer Composites, 29(11),* 1211-1217. http://dx.doi.org/10.1002/pc.20432

Mayra, E., Valencia, P., & Mina, E. (2010). Caracterización fisicomecánica de concreto polimérico basado en resina poliéster. *Revista Científica Guillermo de Ockham, 8(1),* 83-93.

Olmos, D., & González-Benito, J. (2010). Composites formed by glass fibers and PS-modified epoxy matrix. Influence of the glass fibers surface on the morphologies and mechanical properties of the interphases generated. *Polymer Composites, 31(6),* 946-955.

Prikryl, R., Cech, V., Balkova, R., & Venek, J. (2003). Functional interlayers in multiphase materials. *Surface and Coatings Technology, 174(175),* 858-862. http://dx.doi.org/10.1016/S0257-8972(03)00704-7

Rahamin, H., Madhoushi, M., Tabarsa, T., & Firuzabad, M.R.D. (2013). Investigation on feasibility of manufacturing "Carton board" from recycled beverage carton (Tetra Pak containers) without using resin. *World Science Journal, 1(3),* 170-179.

Rahman, M.M., Islam, M.A., Ahmed, M., & Salam, M.A. (2012). Recycled Polymer Materials as Aggregates for Concrete and Blocks. *Journal of Chemical Engineering, 27(1),* 53-57.

Reis, J.M.L. (2009). Effect of textile waste on the mechanical properties of polymer concrete. *Materials Research, 12(1),* 63-67. http://dx.doi.org/10.1590/S1516-14392009000100007

Reis, J.M.L., Silva-Nunes, L.C., & Cerri-Triques, A.L. (2009). Mechanical Characterization Using Optical Fiber Sensors of Polyester Polymer Concrete Made with Recycled Aggregates. *Materials Research, 12(3),* 269-270. http://dx.doi.org/10.1590/S1516-14392009000300004

Sobre los editores

GONZALO MARTÍNEZ BARRERA

Laboratorio de Investigación y Desarrollo de Materiales Avanzados (LIDMA), Facultad de Química, Universidad Autónoma del Estado de México, México.

gonzomartinez02@yahoo.com.mx

El Dr. Gonzalo Martínez Barrera realizó sus estudios en la Universidad Nacional Autónoma de México, posteriormente llevó a cabo una estancia posdoctoral en la University of North Texas; así como estancias de investigación en universidades de Francia, USA, Canadá, entre otras. Actualmente realiza investigaciones en el Laboratorio de Investigación y Desarrollo de Materiales Avanzados (LIDMA) de la Universidad Autónoma del Estado de México (UAEM); investigaciones enfocadas al estudio de materiales compuestos y su modificación mediante el uso de la radiación gamma. Primordialmente en materiales con aplicaciones en la construcción, entre ellos los concretos tanto hidráulico como polimérico, las cuales bajo tratamientos con energía ionizante presentan muchas expectativas de ser la solución a la remediación del deterioro causado en edificaciones, así como ser la metodología para elaborar materiales de construcción más ligeros y con mucha mayor durabilidad. El Dr. Martínez es miembro del Sistema Nacional de Investigadores de México desde 1997; ha publicado libros, capítulos de libros y artículos de investigación en revistas internacionales indizadas. Es revisor regular de artículos, miembro del consejo editorial, así como editor invitado de revistas registradas en el Journal Citation Reports.

Juan Bosco Hernández Zaragoza

Universidad Autónoma de Querétaro, Facultad de Ingeniería, México.
gonzomartinez02@yahoo.com.mx

El Dr. Juan Bosco Hernández Zaragoza, es Ingeniero Civil, con Maestría en Construcción y Doctorado en Materiales para Construcción, ha realizado estancias internacionales de investigación en USA, Argentina y Colombia, tiene amplia experiencia en el uso de materiales sustentables que van desde la aplicación de cactus en cementos hidráulicos, reciclamiento de concretos, aplicación de fibras naturales y sintéticas derivadas de desechos orgánicos e industriales; actualmente trabaja con el reciclamiento del poliestireno y todas sus posibles aplicaciones constructivas, así como proyectos innovadores sobre materiales porosos y laminados cerámicos. Es catedrático e investigador de tiempo completo por la Universidad Autónoma de Querétaro, México; tiene las acreditaciones mexicanas del Sistema Nacional de Investigadores y el Programa del Mejoramiento del Profesorado. Como grupos de investigación pertenece al Cuerpo de Materiales que cuenta con el Nivel Máximo de Calidad de grupos de investigación y que sobresale por sus destacadas aportaciones en estructuras, suelos y materiales sustentables en la construcción. Ha impartido conferencias nacionales e internacionales por invitación; es revisor y autor de artículos en revistas Indizadas en el JCR y Scopus. Ha publicado libros y capítulos de libros que versan sobre temas de construcción.

Teresa López Lara

Universidad Autónoma de Querétaro, Facultad de Ingeniería, México.
lopezlarat@gmail.com

La Dra. Teresa López Lara es Ingeniera Civil, con Maestría en el área de Geotecnia y Doctorado en Materiales. Tiene amplia experiencia en el estudio de materiales terrosos problemáticos, desde su caracterización, uso y mejoramiento de propiedades así como aplicaciones tecnológicas del mismo, utilizando principalmente materiales sustentables y/o reciclados. Cuenta con estancias de Investigación en Universidades de Argentina, Colombia, y Cuba, entre otros, en donde ha colaborado con reconocidos grupos de trabajo que tienen como objetivo común la sustentabilidad y el reciclamiento aplicados a problemas de construcción y generación de nuevos y renovados materiales. La Dra. López cuenta con amplia y reconocida trayectoria en investigación internacional avalada por el máximo organismo de Investigación en México: Sistema Nacional de Investigadores. Es líder de un grupo de académicos que tiene el máximo reconocimiento de calidad en investigación en México. Es Árbitro y Autor Nacional e Internacional de revistas indizadas y arbitradas en el JCR y SCOPUS en las áreas de suelos, materiales, estructuras y construcción. Actualmente trabaja como Docente-Investigador en la facultad de Ingeniería en la Universidad Autónoma de Querétaro en México.

ELSA CARMINA MENCHACA-CAMPOS

Centro de Investigaciones en Ingeniería y Ciencias Aplicadas (CIICAp), Universidad Autónoma del Estado de Morelos, México.

cmenchaca@uaem.mx

La Dra. Elsa Carmina Menchaca-Campos actualmente desempeña el puesto de Secretaria Académica del Centro de Investigación en Ingeniería y Ciencias Aplicadas (CIICAp) de la Universidad Autónoma del Estado de Morelos en México (UAEMor). La Dra. MenchacaCampos obtuvo el grado de Doctor en Ciencias e Ingeniería de Materiales en la UAEMor. Se desempeño como profesor en el Departamento de Química de la Universidad Autónoma Metropolitana en la Ciudad de México, profesora en la Facultad de Ciencias Químicas e Ingeniería de la UAEMor, y en el Departamento de Química y Bioquímica en el Instituto Tecnológico de Zacatepec, México. Desde 2002 es Profesor-Investigador de Tiempo Completo en UAEMor. La Dra. Menchaca Campos ha publicado extensamente en el ámbito de la síntesis, modificación y aplicaciones de polímeros, sobre todo en los efectos de la irradiación gamma, concretos poliméricos, películas anti-corrosión y sistemas de nano-contenedores inteligentes poliméricos. Sus principales intereses de investigación se centran en el desarrollo de nuevos compuestos y materiales poliméricos híbridos nanoestructurados, para la construcción, la corrosión y aplicaciones ópticas y energéticas, entre otros.

Printed in Dunstable, United Kingdom

91223530R00085